U0773144

国外建筑与设计系列

埃托·索特萨斯及其事务所

国外建筑与设计系列

埃托·索特萨斯及其事务所

[意]　安德烈·巴兰兹

赫伯特·马斯卡姆

詹尼·佩特纳　著

芭芭拉·拉迪斯

帕特里齐亚·兰佐

王又佳　金秋野　译

中国建筑工业出版社

著作权合同登记图字：01－2003－7975 号

图书在版编目(CIP)数据

　埃托·索特萨斯及其事务所/(意)巴兰兹等著；王又佳等译.
北京：中国建筑工业出版社，2005
　(国外建筑与设计系列)
　ISBN 7－112－07122－4

　Ⅰ.埃…　Ⅱ.①巴…②王…　Ⅲ.建筑设计—作品集—意大利—现代
Ⅳ.TU206

　中国版本图书馆 CIP 数据核字(2005)第 004206 号

Copyright ⓒ1998 Universe Publishing

Translation Copyright ⓒ 2004 China Architecture ＆ Building Press

This work was originally published by Universe Publishing, a division of Rizzoli
International Publications, New York in 1998

The Work of Ettore Sottsass and associates

All rights reserved.

本书的原版由 Rizzoli 国际出版集团在纽约于 1999 年出版
本书经 Rizzoli 国际出版集团授权我社在中国、新加坡范围内出版、发行中文版

策　　划：张惠珍
责任编辑：丁洪良　孙　炼
责任设计：郑秋菊
责任校对：关　健　赵明霞

国外建筑与设计系列
埃托·索特萨斯及其事务所
[意]安德烈·巴兰兹　赫伯特·马斯卡姆　詹尼·佩特纳
　　芭芭拉·拉迪斯　帕特里齐亚·兰佐　著
王又佳　金秋野　译
＊
中国建筑工业出版社 出版、发行(北京西郊百万庄)
新　华　书　店　经　销
上海质胜印刷有限公司印刷
＊
开本：880×1230 毫米　1/32　印张：8¾　字数：250 千字
2005 年 8 月第一版　　2005 年 8 月第一次印刷
定价：**88.00** 元
ISBN 7－112－07122－4
TU·6353(13076)
版权所有　翻印必究
如有印装质量问题，可寄本社退换
(邮政编码 100037)
本社网址：http://www.china-abp.com.cn
网上书店：http://www.china-building.com.cn

目　录

世间形式的品质　　　　　　　　　　　　　11

安德烈·巴兰兹（Andrea Branzi）

从激进主义者到孟菲斯　　　　　　　　　24

詹尼·佩特纳（Gianni Pettena）

意大利式的景观设计：　　　　　　　　　34

索特萨斯事务所的设计立场

帕特里齐亚·兰佐（Patrizia Ranzo）

草创时期大事记　　　　　　　　　　　　40

芭芭拉·拉迪斯（Barbara Radice）

吸纳空间　　　　　　　　　　　　　　　43

赫伯特·马斯卡姆（Herbert Muschamp）

1980 ~ 1985 年　　　　　　　　　　　48

作品　　　　　　　　　　　　　　　　　50

1986 ~ 1992 年　　　　　　　　　　　92

作品　　　　　　　　　　　　　　　　　94

1993 ~ 1999 年　　　　　　　　　　164

建筑设计：建构的人文主义　　　　　　168

安德烈·巴兰兹

作品　　　　　　　　　　　　　　　　172

生平　　　　　　　　　　　　　　　　278

参考书目　　　　　　　　　　　　　　279

图片说明　　　　　　　　　　　　　　280

索特萨斯事务所，1999 年

索特萨斯事务所从 1980 年到现在的所有工作人员
Daniel Aeschbacher, Anna Allegro, Flávia Alves de Souza, Michael
Armani, Fabio Azzolina, Federica Barbiero, Michele Barro, Veronica
Bass, Martine Bedin, Dante Bega, Elide Bega, Johnny Benson,
Alberto Berengo Gardin, Cora Bishofberger, Pietro Bongiana,
Manuela Boniforti, Guido Borelli, Ambrogio Borsani, Viviana Bottero,
Laurent Bourgois, Edoardo Brambilla, Ulrike Broeking, Ruth Cabella,
El Cannibal, Milco Carboni, Beppe Caturegli, Liana Cavallaro, Franco
Cervi, Aldo Cibic, Annalisa Citterio, Elena Cutolo, Alberto Davila,
Elisabetta Della Torre, Monica Del Torchio, Giuseppe Del Greco,
Claudio Dell'Olio, Paolo De Lucchi, José de Rivera Marinello, Cristina
Di Carlo, Simone Dreyfuss, Richard Eisermann, Bonni Evensen,
Blanca Ferrer, Peter Flint, Franca Foianini, Eugenia Folci, Maya Fong,
Giovanella Formica, Barbara Forni, Riccardo Forti, Maria Paola Frau,
Raffaella Galli, Massimo Giacon, Susanna Giancolombo, Paola
Giovinelli, Annette Glatzel, Bruna Gnocchi, Theo Gonser, Nuala
Goodman, Johanna Grawunder, Valentina Grego, Gertrud Gruber,
Valentina Hermann, Shuji Hisada, Hugh Huddleson, James Irvine,
Fumiko Itoh, Takeaki Kaneko, Maki Kasano, Paola Lambardi, Annette
Lang, Larry Lasky, Oliver Layseca, Tina Leimbacher, Catharina
Lorenz, Franco Luchini, Mercedes Jaén Ruiz, Nathalie Jean, Mona
Kim, Walter Kirpisenko, Christopher Kirwan, Francia Knapp Mooney,
Ron Kopels, Donato Maino, Marco Marabelli, Loredana Martinelli,
Frédéric Mas, Cristina Massocchi, Luciana Mastropasqua, Cecilia
Mazzone, Lorenzo Meccoli, Patrick Mellet, Costanza Melli, Sergio
Menichelli, Monica Merlo, Mario Milizia, Yasukio Miwa, Alba Monti,
Sebastiano Mosterts, Gianluigi Mutti, Davide Nardi, Nicola Nicolaidis,
Jon Otis, Caterina Padova, Massimo Penati, Laura Persico, Massimo
Pertosa, .Susan Phelps, Adalberto Pironi, Roberto Pollastri, Marco
Polloni, Timothy Power, Antonella Provasi, Christoph Radl, Elisabetta
Redaelli, Christopher Redfern, Maria Marta Rey Rosa, Douglas
Riccardi, Sara Ricciardi, Nicoletta Roia, Francisco Romero, Riccarda
Ruberl, Mike Ryan, Giusi Salvadè, Maria Sanchez, Paolo Sancis, John
Sandell, Mika Sato, Sabina Scornavacca, George Scott, David Shaw
Nicholls, Eugenia Sicolo, Tony Smart, Ettore Sottsass, Vittorio
Spaggiari, Antonella Spiezio, Jenny Stein, Marco Susani, Ken Suzuki,
Gerard Taylor, Giacomo Tedeschi, Flavia Thumshirn, Matteo Thun,
Viviana Trapani, Jorge Vadillo, Susan Verba, Tiziano Vudafieri, Anna
Wagner, Wendy Wheatley, Gail Wittwer, Bill Wurz, Yasuo Yamawaki,
Carla Zanelli, Marco Zanini, Neven Zoricic.

作 品 名 录

1980～1985 年

菲奥鲁奇（Fiorucci）商店　　50
威尼斯赌城夜总会　　54
洛雷托广场二次开发设计　　58
某自动化工厂设计　　61
多功能综合体"高峰"竞赛　　62
学院美术馆桥竞赛　　64
斯纳博亚兹餐馆设计　　66
埃斯普利特汉堡展示厅　　70
埃斯普利特杜塞尔多夫展示厅　　72
埃斯普利特苏黎世展示厅　　76
拉维莱特公园城市设计竞赛　　78
"可塑体的思考"（Pensieri di Plastica）展览作品　82
曼德里公司网络媒体(CNM)等离子控制面板设计　84
曼德里公司类星体机器工具设计　　84
布朗威格公司电视机设计　　86
威拉公司电吹风引擎罩设计　　88
追踪机器人　　90

1986～1992 年

沃尔夫住宅　　94
马勒（Müller）住宅设计　　102
原木山台地（Log Hill Mesa）村镇设计　　104
毕斯乔夫博格住宅设计　　106
MK3 大楼设计　　108
奥勒比纳戈住宅　　112
多功能综合"中心庭院"设计　　118
赛住宅　　124
"双穹顶城市"多功能综合体设计　　128
尔格（Erg）石油公司外观设计　　132
子比宝酒吧　　135
第 48 届威尼斯电影节双年展皇宫电影院入口设计　138
艾烈希展示厅　　140

诺尔（Knoll）家具设计　　142
伊诺米公司电话设计　　144
飞利浦（Philips）"光环"灯设计　　145
澳大利亚卒姆托贝尔灯具设计　　146
波顿（Bodum）小器具设计　　150
通世泰（Tostem）"东洋（Toyo）窗扇"预制窗　152
日本电报电话公共公司(NTT)"天使笔记"
电话簿设计　　154

1993～1999 年

裕子住宅　　172
现代家具博物馆画廊　　176
肇庆高尔夫俱乐部及度假地　　182
毕斯乔夫博格住宅　　190
格雷尔（Greer）住宅　　196
盖拉（Ghella）住宅　　200
莫隆（Merone）水泥公司办公室　　203
"亚马逊号（Amazon Express）"摩托艇　208
卡西纳（Cassina）家具设计　　212
坎都（Candle）公司缩放灯设计　　214
方塔纳艺术公司（Fontana Arte）家具设计　215
卡德维浴室设计　　216
扎诺塔家具设计　　219
ICF 办公室椅子设计　　220
西门子产品新色彩设计　　222
艾烈希集团标识设计　　227
汉城机场城市复兴设计　　230
扩展性城市规划　　236
预制钢结构设计　　238
范·茵佩住宅　　240
内诺恩住宅　　250
森林边上的住宅　　256
马班萨 2000 年机场室内　　260

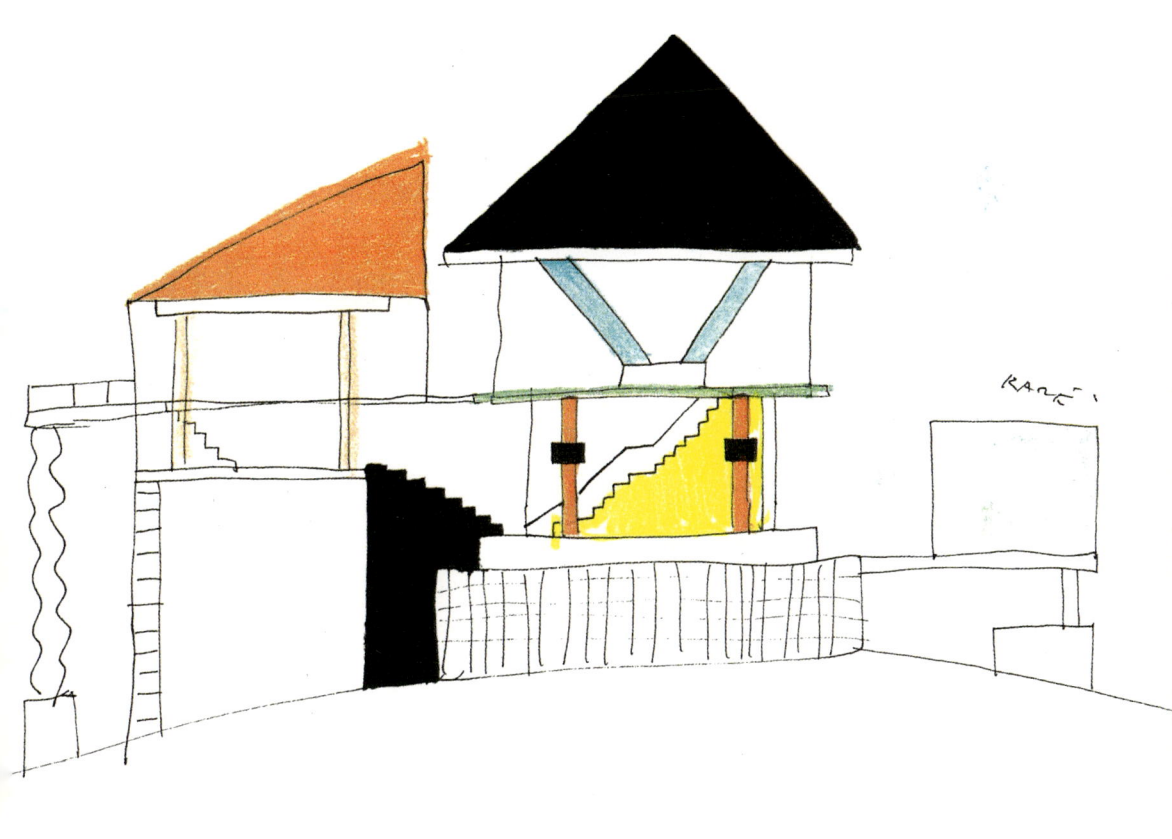

埃托·索特萨斯，《无题》，墨线画，1992 年

世间形式的品质

安德烈·巴兰兹（Andrea Branzi）

如果说我能够为埃托·索特萨斯（Ettore Sottsass）的事业作出什么贡献的话，那就是努力将他的职业生涯以及我们多年的友谊，置入一个宏大的画卷当中，置入战后以及当代的设计史当中。

埃托的独特之处在于，他是一位完全沉浸在自己的形式逻辑、画作和思想中的设计师。故而，他称得上是一位艺术家，一位睿智地用自己的作品表达自己的思想，屏蔽了任何哪怕是些微的浪费和瑕疵的艺术家。尽管从另一个角度来说，他总是处于范围极广的各种文化运动的中心，而这些运动在过去的40年中极大地改变了我们的艺术秩序。

埃托就如同一个苦行僧，处在他自己引发的一场旷日持久的争论中心，这场争论并非是由于他的言论，而是由于他的行动所造成。尽管脾气不好，他却成功地获得了许多深厚而又持久的友谊。

芭芭拉·拉迪斯（Barbara Radice）曾经在书中说，埃托甚至不懂得什么是友谊。事实上，他所培养的为数不多的友谊并不是简单地建立在喜爱或是信任的基础之上，而是基于一场共同参与的文化斗争。他们对在这场艰苦的理念斗争中结成联盟满怀信心，

对他们来说，这是生命中惟一重要的事情。

埃托如同他的极少数朋友一样，是一个"好战"的建筑师。与其说是个职业设计师，不如说他是自身理念的职业实践者。同样，我和他的友谊也是建立在这场战斗以及它所带来的团结和情感的基础之上。

这位建筑师的技艺通常被认为是一种策略而不是结果。我们进行的战斗，如果深入了解的话，也从来不是关于设计的，而是关于人类的命运以及这种命运同工业主义（industrialism）兴衰变迁的关系。

因此，我试图指出他作品的基本洞察力，以便理解他对战后的设计所造成的巨大影响。这种洞察力包括他的思想结构和出众的直觉，正是这两点使他的作品与同时代的其他先锋设计师相比显得独具一格。

埃托的创作背景及语境是我们通常称之为"建立在国际尺度上的实验工场"的意大利设计。换句话说，这是一个实践领域。在这个领域中，作出的种种决定不单具有意大利的特色，而且具有更为广泛的标准，这些标准包括历史以及我们工业体系的主题。

这不是通常意义的国际主义，或者说得更坏一点，是殖民倾向，它是一种历史性的

缺陷，源于历史悠久国度所具有的一种典型倾向，这些国家都曾经肩负着重大的使命，也都经历了巨大的衰败。这种倾向，这种重大的使命感，在欧洲国家中普遍存在。而对于具有意大利和奥地利血统的埃托来说，这种使命感更是双重的。使他感到疲倦的并不是工作，而是当他的作品最终面对人类的欢乐和痛苦时所要求具备的使命感；可是，人类的欢乐和痛苦往往同时并存。

埃托使用的符号中明显的欣快表征源于其所有作品的戏剧性本质。顽皮的笑容总是伴随着对人类孤独的清醒意识和为他的孤独存在而被赋予工具和鲜花的承诺。

大战期间埃托曾经被关进萨拉热窝（Sarajevo）的监狱，但他幸运地渡过劫难。年轻的埃托刚刚开始工作时，战后意大利的设计正处于物质和政治崩溃的时期。它的过去已经消逝，而未来仍然看不到任何方法论的眉目。

战后意大利文化氛围的特征表达了一种愿望，一种为了反抗某些东西而进行创作的愿望，因为这恰恰是为了支持某种东西而进行创作的惟一方法。这里的人们不像在德国那样去寻找设计的科学依据。与此相反，他们认为开创新的可能性是令人兴奋的。关于一种不完美的、有问题的、扩展性的现代主义的想法已经初步成形。因为它建立在羸弱和分裂的基础上，如此看来，它已经是某种后工业主义的思想了。

这位意大利设计师的工作与工业密切相关。但与此同时，他又保持和维护着这些艺术工作的自主性，并把这作为一种公共的财富。这位设计师并不认为自己只是一个技师，而工业也并不仅仅是工业；除此之外，也要关心文化运动。就这样，他将两者很好地结合在一起。

在意大利，设计师和工业家其实都是反对派阵营中的一员，因为他们努力推进现代化进程，而政府为维护中产阶级的利益反对工业资产，反对改革派知识分子。

因此战后意大利的氛围是充满争议和偏狭的，但其中又爆发出了天才般的智慧，它起源于一种冲动，这种冲动强烈地渴望创造一种中断状态，而不是一个大尺度的社会与环境的连续性。与其他那些坚定地推动工业现代化的国家不同，在意大利，设计师对社会化大生产与地方布里安扎（Brianza）的木工艺术同样得心应手。在这个国度里，新的标准语言以及无政府主义和异教徒符号都是艺术家所追求的；在这个国度里，高超的工业技术正在日臻完善，而木工的精髓和精炼的铁艺仍保有一席之地。这是一个既信仰技术进步，又信仰和谐的艺术；坚信进步既依靠科学也同样依靠直觉的国度。

就是在战后意大利这样一个肥沃富饶的、充满着原创精神和创造力的环境里，年轻的埃托发现了自我。但是当时也存在着对日益增加的消费支出的禁忌。自从包豪斯年代起，欧洲设计的精英已经坚定地接受了工业化生产的逻辑。他们认为消费产品是现代

埃托·索特萨斯,《指环》,1963 年

性的危险变形，是对文明、技术发展理性的攻击。

20世纪50年代，位于乌尔姆（Ulm）的托马斯马尔多纳多（Tomás Maldonado）学校在这场关于设计的争论中占了上风，它所持有的是一个阿根廷人眼里的欧洲理念。基于加尔文主义的道德观（Calvinistic morality），它创造了一种完全以对技术和建造过程的分析为基础的科学理论，严格地警惕任何可能掺杂消费者情感的因素，由此甚至从形式上杜绝这类产品的生产。产品必须是高度工业化的理性社会的理性存在。

这个理论最终归结为一个完全不可调和的矛盾，它适应了关于秩序发展的一个不可操作的理念，使得对例外的压制和对复杂性水平的评估成为必须，并借此替代了资本主义、自由市场以及工业主义本身发展的特质。

在当时的意大利，天主教派（Catholics）和共产主义者是两个占统治地位的派别，他们出于不同目的、不约而同地反对任何消费的增长，并且大力支持对传统教育的保护。

这样，从经济大发展到20世纪60年代初期，意大利的这场争论愈演愈烈，设计经历了一个危险的回旋，并以第三条道路（terza via）的态度将政治模式（程序化经济）和文化模式（程序化艺术）进行调和。既然没有任何真正的前景，发展也就被阻滞了。

就是在这样一个道学和偏狭的语境里，埃托开创了一种绝对独立和原创的设计方式，并继而造成了巨大的影响，这使他成为了各种即将成熟的文化假说的参照点。当然，这也要感谢那些新生代设计师们的贡献。

与同时代的意大利建筑师不同，埃托遵循了一条完全不同模式的道路，并立刻将目标瞄准了广泛的国际化尺度。

在1961年，埃托进行了两次长途旅行，这完全转变了他自己文化结构的遗传代码。

第一次关键的远征是印度之旅（这次旅行还去了斯里兰卡、尼泊尔和缅甸），这不是一次简单的建筑采风，埃托从中得到的也不是语汇或形式上的资料，而是伴随其一生的存在主义哲学根源。

这种哲学来源于广袤的、火热的、激情的印度腹地，成为一种全球普适的观念，它包括宇宙、法律、悲剧以及历史。这是一种不无批判的接纳，也并非无关紧要，而是基于批判和选择系统（这个系统是我们天主教和理性主义文化的典型特征）的转变，是一种向着世界性的清醒，向着善与恶、生与死的同时把握的转变。所有这些都是东方文化和印度文化的典型观念。它产生了一种悲剧式的外延和平和的内涵，也产生了一种无所畏惧的英雄力量。

同年，埃托去美国帕洛阿图市（Palo Alto）治疗差点要了他的命的严重肾病。痉

埃托·索特萨斯，《伊菲拉（Efira）》，吹制的玻璃花瓶，孟菲斯，1986 年

埃托·索特萨斯，《柠檬果子露》，木材、树脂玻璃和玻璃锦砖制家具，百隆海尔曼（Blum Helman），1987年

愈之后，他开始和西海岸垮掉的一代诗人（West Coast Beat poets）[包括艾伦·金斯堡（Allen Ginsberg）、杰克·凯鲁亚克（Jack Kerouac）、格雷戈里·柯索（Gregory Corso）、劳伦斯·费伦格蒂（Lawrence Ferlinghetti）、鲍勃·迪伦（Bob Dylan）等等]有了较多的交往。当时，他的妻子正在将这些诗人的作品翻译成意大利文，因此埃托的思维模式已经为理解这种新生的文化做好了充分的准备。

埃托从他的病室里给朋友送去了一种即时通信，冠名为"东区128"。这个名字得于他所住的病房。它的图形设计已经完全突破了风行于欧洲的传统理性主义的布局，也超越了美国新兴的流行艺术及其所具有的绝对现实主义。"东区128"是一个哲学宣言，这个宣言基于商业形象及元素的层级化，而这些形象及元素是交流、符号以及信息——简而言之，是存在的所有事物的复合体——紧密而无限结构的一部分。在它身上既找不到雅致，也看不到粗俗的痕迹。它代表一种博大的、涵盖一切的宇宙观，在它面前，任何陈旧的价值评判和预想的抵制都变得毫无意义。

这种对现实的占有，这种对存在深刻的但又是原朴的沉浸，与尼采对历史的认同的概念有着相似之处。它根植于印度文化，就像埃托一直理解的那样，存在于道德和政治之外，存在于建筑之前。

作为古老的欧洲理性主义的替代品，埃托对消费文化的支持开始初露端倪。其实，他从来不是一个像美国人那样的流行艺术家，也不是一个像那些年轻的意大利人一样的真正激进主义设计师。他从印度接受了美国，实际上，那是看待同一问题的两种不同方式。就像贫穷和富有仅仅是一枚硬币的两面，或者说是同一个故事的两个角色而已。事实上，当他于1967年返回意大利，就在米兰的黑榴白榴岩画廊（Sperone Gallery）展出了一系列的大型陶器，并颇具深意地将其命名为"纪念碑、神殿、佛塔、消防栓和气泵"。那些既是宗教器物，也是消费器物。

任何东西都是生命大轮回的一部分，这也是埃托从他的西海岸垮掉的一代诗人朋友们那里学到的。对于他们来说，禅宗本着对存在的一种解放的观念，是随着罐头食品传递开来的，是带着大量的高科技四处流浪的。

此外，还有一点十分重要，那就是他从西海岸垮掉的一代诗人那里学到了用不同的标准去衡量政治。它不再是与主流意识形态和社会程序一致，而是与一种和生命相关的创造性实践保持一致。就像芭芭拉·拉迪斯解释的那样，文学和存在对于他们来说是同一件事。也就是说，对于埃托，审美变成了一种政治化的价值观。他的背景，与那些晚期理性主义欧洲设计师以及被称为知识分子的人如此不同，但是却可以发现他与意大利的新兴前卫团体——尤其是1966年他在佛罗伦萨（Florence）遇到的那些——之间存在着巨大的亲和力。

就如同我们整个这一代人一样，我们也深受垮掉的一代哲学的影响，我们也同样是流行艺术的激进分子，但我们的背景是完全不同的。我们的恶作剧距离印度的和平主义如此之远，而埃托正是用这种和平主义来展现自己，他总是像花季少年一样留着长发，脚上系着铃铛。

尽管埃托经历了激进建筑学派占上风的年代，但他从不是一名激进的设计师。那个大革命的年代没有使他在自己的道路上偏移哪怕是一毫米，相反使他更加坚定了。在佛罗伦萨，在年轻的先锋派所形成的爆炸性气候里，埃托发现了正确的大气压力：一种从形式、符号和概念上重新审视设计文化的环境。他也发现了重要的观念上的伙伴，以及勇敢的同路人，尽管他们与他是如此的不同。最重要的是，在1966～1972年之间那个激进的年代里，他始终保持着他的成熟的人类学内涵，以及业已成熟的职业仪态。

从这一点来看，埃托的角色（准确地说是因为它的间接属性），成为"意大利运动"的品质和成长的绝对基础，最重要地，也是其得以延续的基础。

无论是在英国、法国，还是在奥地利，革命高潮过去以后，激进的年代都在舞台上留下了许多突出的新形象[如彼得·库克（Peter Cook），汉斯·霍莱因（Hans Hollein），蓝天组（Coop Himmelblau）]，通常留下的还有退向未知的低潮。与此相反，在意大利，1970～1980年，新设计（Nuovo Design）从文化和职业的角度来说已经演变为后工业文化运动的主流，在不断演变的关系、主动性[阿卡米亚和孟菲斯的（Alchymia and Memphis）]、新的争论和新的观察主题中成为主流。

所有像我们一样的年轻人都卷入了这场争论。由于消费文化已经受到流行艺术、垮掉的一代、英国摇滚乐以及新时尚的推动和挑战，拥护消费文化成为发展独特的、全球的现代化的一种方式，这不仅表现在城市和家庭的图景上，也表现在公众和个人的行为上。

它是一种加强综合性的方法，同时也是系统的一种矛盾。这个我们所属于的"1968年一代"，整个都以一种令人愤怒的自信在这个矛盾中运动着。当时，完全不存在认为未知是真正的政治神话的想法，也完全不存在认为试验主义是新的操作范畴的想法。

在以后的几十年里，所有这些都将成为一个艰难取得的战利品。但是在当时，在1968年的欧洲，政治仍然代表着对真相体系的探索和肯定。这种肯定采取了在街头巷尾演说或呐喊的宣传形式。

埃托与这些一点关系都没有。事实上，无论过去还是现在，他都与政治没任何联系。那是一种作为无可辩驳的事实的政治，一种口头行动，一种无论如何都不能对人们

埃托·索特萨斯，《无题》，墨线画，1992 年

的日常和宇宙存在产生任何积极影响的政治。

埃托始终坚信他的不确定系统，坚信社会的更替是一个文化范畴，而不是政治事件。因此，他对雄辩的、激烈的政治运动在任何业已存在的地方的粗暴要求表现出了极大的关注。他看到了"前1968年一代"在日常生活和文化生活中以极大的勇气构建的优秀传统，那个卓尔不凡的、充满着创造力的、丰富的传统，正受到严重的威胁。

从某种意义上说，1968年真正的受害者不是中产阶级，而是"前1968年一代"。中产阶级什么都没有失去，因为他们在这场完全上演于自身内部的心理剧中起着主要作用。与此相反，在1968年以前的主要角色看到的却是他们的工作台，他们的和平主义理想被完全颠覆了。他们不得不面对法西斯主义暴徒（埃托曾经因为留长发，戴印第安酋长头饰而在米兰的展会上被殴打）和工会里的工人，比如普仇努瓦（Poltronova）的工人曾经在室内扩音器上播放"红旗（The Red Flag）"，并要求管理者停止生产埃托设计的没用的家具。

由于埃托与激进的运动和新文明的哲学已经有了长时间的联系，所以当激进建筑时代到来时，他几乎是一名激进分子。不仅如此，此时他还具备了他的后来者们完全不具备的专业的成熟气质。

埃托为好利获得（Olivetti）公司设计了第一台大型电子计算机，Elea 9003设计于

1959年，Tecne 3 打字机设计于1964年。

而我现在想从另一个角度谈谈埃托为大工业所做的工作。因为埃托与好利获得公司关系的历史是非常值得去研究的，不仅仅由于它的结果，也是由于它所存在的基础的灵感和绝对的原创形式。那是埃托最为重要和最为基本的直觉，就如同芭芭拉·拉迪斯下面所说的那样：

"埃托最初作为自由设计师为好利获得工作。20世纪60年代初，罗伯特（Roberto）为他提供了高薪的全职工作。他考虑了很久，最终拒绝了，但是他反而建议罗伯特采取一种全新的系统来解决设计师和公司的关系，这种关系是他能接受的。这个系统在当时运行得很好，即使在30年后也是如此。"

"埃托要求公司建立一个设计工作室，这里的工作人员由罗伯特付给薪水，管理上由罗伯特负责，但是人员的选择权要归他所有。他将仍然是一个自由工作者，要领导这个工作室，而这里的员工也将与公司保持着自由工作的关系。"

"这是一个天才的解决方案，它解决了许多的问题，并发挥了每个人的优势，使人人都满意。一方面，设计师们是自由为自己工作的，他们不会被埋没，不会被条条框框和工业环境内部的斗争毁掉、榨干；另一方面，他们与外界自由的合同保证了思想上的交流和文化上与时俱进的更大可能。"

从工作室开张伊始，埃托就邀请了许多

埃托·索特萨斯,《无题》,在纸上画的水彩画,1989 年

国际合作者，其中包括汉斯·冯·克利尔（Hans Von Klier），安德鲁斯·凡·昂克（Andries Van Onk），乔治·索顿（George Sowden），雅则梅田（Masanori Umeda）和泰格·立石（Tiger Tateishi）。在 20 世纪六七十年代，位于米兰曼佐尼路 14 号（via Manzoni 14）的好利获得事务所成了最有趣味、最有创新意识的国际设计中心之一。得益于与罗伯特的友谊和自由的身份，埃托在与好利获得的合作关系中享受着特殊的权利。除了罗伯特以外，他不向任何人负责。在决策桌旁，常常坐着经营管理者、工程设计师、生产管理者和埃托，他们在一起讨论着公司形象、企业战略等等重要的问题。

因此，当被认为是"设计理论引导者"的人们正在德国制定出一种可以将设计师融合到大工业中的模式时，一个完全不同的模式在意大利浮现了。基于互惠自治的基本思想，不论从哪个角度来看，这个模式都是更好的。在这个模式里，设计不再仅仅具有用来解决生产问题的工业职能，更是一种战略行动，一种沉浸在历史更替中的文化。并通过设计赋予大工业一种社会身份。埃托的模式是一种开放式工业的蓝图，它并不是要将社会和文化一体化，而是希望在这些领域中找到它的位置，从而为发展提供新的契机。这种景象也符合曾经参加过"社会主义（Comunità）"改革运动的阿德里亚诺·奥立维特（Adriano Olivetti）的韦尔多派道德观（Waldensian morality）。

这个独特而且原创的模式不仅在好利获得产生了丰富的成果，甚至整个意大利设计界都用它作为一种参考模式。尤其是现在，当整个西方工业（也包括东方工业）都在为克服经济和地理政治的危机而奋斗、都在为创造一种新的系统以便与设计艺术建立和发展新的战略联系时，埃托的模式又一次成为一个饶有趣味的热点。

对页图：埃托·索特萨斯，《从很久以前的西班牙归来》，木材、树脂玻璃和钢材的组合家具，百隆海尔曼，1987 年

从激进主义者到孟菲斯

詹尼·佩特纳（Gianni Pettena）

　　虽然在 20 世纪 50 年代，日本的设计在"新陈代谢派（Metabolists）"［主要由丹下健三（Kenzo Tange）的学生和助手们组成，如矶崎新（Arata Isozaki）和菊竹清训（Kyonori Kikutake）］以及被称为"乌托邦主义者（utopists）"的那些设计师的推动下，实验性和创新性已经十分明显。然而，伦敦"建筑电信派（Archigram）"的设计概念及其见解却真正引发了一场激进的运动，给建筑以及建筑的主要交流方式——设计——打造一个新的基础。建筑电信派由学生和支持者组成，他们来自位于伦敦贝德福德（Bedford）广场的建筑协会，这是一所被阿尔文·波亚斯基（Alvin Boyarsky）的精神感召的学校，一个辉煌之地。当时，除了彼得·库克（Peter Cook）和建筑电信派的其他成员外，我们在那里所遇到的每个人也都有可能在日后的展览和杂志里，通过著作和设计作品与我们建立远程的对话，从巴黎到柏林、都灵、米兰或是威尼斯。我们也可能通过少量的出版物或是口头进行交流，或是无意识地进入相同的探索过程中，尽管大多数时候我们都是孤独前行的。

　　建筑电信派的创新基于对色彩和大图形的应用，同时他们将无数的讽刺笔触用在高科技城市的项目中，比如，用一个巨型的机器大象来代表着不确定的未来。而奥地利的探索者们却与此相反，他们更注重在视觉艺术实验性中的和谐，霍莱因（Hollein）和皮赫勒（Pichler）的宣称，Peintner 的绘画以及赫斯·洛克（Haus Rucker）公司或是萨尔斯·德·艾德（Salz der Erde）的表演，获得了一种文化现象在概念和语言上的重叠象征性，却无法抵挡衰老和退化。基于这种清醒的认识，出现了与传统的几何规则完全不同的理念，它期盼煽情而清新的设计风格和革新思想，被赋予了丰富的语言隐喻和创造的革新思想。这种思想的范围可以从表演到家具设计、室内装潢、建筑设计以及简明的理论文献，所有这些都显示出了与欧美视觉艺术的当代实验性有着密切的关系。

　　在意大利，20 世纪 60 年代后半段的实验艺术（起源于佛罗伦萨与米兰）用最为清晰和综合的方式来表达一种设计概念的出现。这种概念与当时青年文化的自然进化保持着完美的一致，并成为这种文化成熟的正统的代言人。

　　在 1964 年的威尼斯双年展上（Venice

埃托·索特萨斯，为柴欧住宅（Casa Tchou）设计的家具，1960 年

Biennale），英美的流行艺术、贫穷艺术派（arte povera）和概念艺术在当时是必不可缺少的，它们不可避免地成了影响每一位艺术家追求的参考。然而索特萨斯在以家具、绘画和陶器为形式的书写和视觉的展示中，有一种追寻那个时期意大利实验艺术每个方面的趋势的方法。索特萨斯从20世纪60年代初期开始为普仇努瓦、彼投斯（Bitossi）和艾贝塔印刷公司（Abet Print）所进行的设计，显示了他对尺度、语言和风俗限制的漠视和超越。而且他用如此自然和简洁的方式指出了探索的合理道路，以致于人们无法忽视这些作品的巨大吸引力。

后来被称为"激进"实验的两个原创艺术流派，即佛罗伦萨的建筑伸缩派（Archizoom）和超工作室（Superstudio），以及后来的不明飞行物（Ufo）和佩特纳（Pettena），它们的特征首先来自于其根源和对流行的影响，另外还来自于与贫穷艺术派以及概念和表演艺术的关系。但是，如果没有看到索特萨斯那时作品的重要地位和潜在影响的话，是不能正确理解这两个流派的。

意大利的"激进"实验艺术有两个特点深受索特萨斯的影响，即家具设计和大量的理论著作。而这也正是其与英国或奥地利实验艺术的区别所在。

家具的作用和尺度对于"佛罗伦萨"的实验主义者们来说，具有完全不同的内涵。尽管他们都表达了希望成为目的、策略和意识形态的真实寓言综合体的愿望。建筑电信

派、建筑伸缩派、超工作室和霍莱因都在针对"全球的"解释、不间断的城市、承载飞船的城市、"连续的纪念碑"进行设计并将其理论化。但是只有建筑伸缩派、超工作室、不明飞行物和佩特纳在设计和生产寓言式的、建筑化的家具，这些家具和室内本身就是一种宣言，是一种先于或迟于真正宣言的宣言。真正的宣言应该是有助于理解和解释关于"真实"这个复杂系统的理论文献和工具。这正是像索特萨斯曾经对皮埃内塔·弗莱斯克（Pianeta Fresco）出版的文献所做的那样，也正像他已经或当时正在为普仇努瓦的家具和彼投斯的陶器所做的那样，这些设计将我们引向了一个从前未知的自由，这个未知的范围远至材料、色彩和尺度。

20世纪70年代早期，实验过程和概念经常性的交流已变得愈发可能。拉·皮耶特拉（La Pietra）的杂志《In》是这些交流的主要平台，它展览的目录：如柏林的弗朗索瓦·布克哈特（François Burkhardt）主编的《IDZ》或是莫妮卡·皮金（Monica Pidgeon）的《A.D.》。但其中最重要的是亚历山德罗·麦狄尼（Alessandro Mendini）编辑的《卡萨贝拉》（Casabella），它保证了保守派[格里高蒂（Gregotti）的项目]和改革派[杰曼诺·西朗特（Germano Celant）的大地景观和概念艺术]之间信息的连续性和丰富多彩。1973年米兰的三年展成为全球化的工具，还有晚些的阿卡米亚工作室都是相互联系的经验，这些经验正是理解所要遵循的

埃托·索特萨斯，《大规模生产的陶器（Ceramiche di Serie）》展览的海报，赛斯坦画廊（Sestante Gallery），米兰，1958年

不同现象学的基础。

全球化的工具实现了一个梦想，那就是在这些艺术的同路人中建立起了一个交流和比较的场所。这也可以说是一所学校，在这里，老师们首先要声明的一点就是自己也是这里的学生。实验艺术按照"学科"的区域进行分类，在这个学科里，"普遍"的经验和设计原型被具体化了，而这些活动则被大学的讲演、论文和展览忠实地记录下来。在这里，通过不同的时期、不同的地理位置和连续的"实验"，几代人被带到了一起。

安德烈·巴兰兹给这个基金会带来了理念和精神上的信任，产生了批判的观察以及合理组织的结论，例如1973年激进派参加米兰的三年展（索特萨斯任该展国际设计部的评委，巴兰兹任协调员）。那些年，随着巴兰兹的专栏"激进笔记（Radical Note）"在《卡萨贝拉》中登载；麦狄尼和拉吉（Raggi）著作的发表以及索特萨斯、超工作室、建筑伸缩派、佩特纳、不明飞行物和雷卡多·达里希（Dalisi）一系列出版物的发行，理论和实验艺术与经验在实验艺术共享的平台上结合到了一起。这种经验是杰曼诺·西朗特（Celant）为了发挥对比物（贫穷艺术派、概念艺术、景观艺术）的作用而从视觉艺术领域借鉴过来的。

在1977～1978年间索特萨斯和巴兰兹为科洛夫（Croff）住宅设计的家具，以及稍晚，即1978～1979年间在阿卡米亚的设计中都包含了目的、日常事物、室内设计元素以及对变化着的工业产品形式的第一次适应。此后生产的家具属于一种"全球化"的实验艺术范畴，重新引入概念、批评和重构的策略，而这种策略激进乃至反讽地重访了类型学和意识形态（椅子、沙发、图腾、佛塔或神殿）。然而，这个自明定义的分析结果让位于一个可以更好地解释日常生活类型学的设计概念。

索特萨斯的设计看上去朝两个方向发展，除了陶器、为普仇努瓦所做的家具设计和为好利获得所做的工业设计，他还将自己投身于细致的语言学研究，并通过薄板家具、玻璃、陶器、书法和幻影绘画表现出来。这种语言学研究是一种概念上的再审视，而这种再审视的实验则与同时代视觉艺术的经验建立了对话。这里，我们要提到一些例子，比如，1972年发表于《卡萨贝拉》上的《欢乐星球(Planet as Festival)》；1974年发表于《寝具(Bedding)》上的《魔毯(Magic Carpet)》；1972～1974年的《设计隐喻（Design Metaphors）》；以及被索特萨斯称为"建造物"的室外装置，不久以后，这装置就在他绘画的讽刺主题中成型。[《如果我丰富，非常丰富》，《折衷建筑学》，《谁害怕弗兰克·劳埃德·赖特（Frank Lloyd Wright）》?]1976年，这些画作展出于名为"在场/不在场"的艺术展中。索特萨斯与佛罗伦萨派的关系形成于20世纪70年代早期的环球工具公司（Global Tools），这种关系可以与各种展览中的其他一些流派相

埃托·索特萨斯,瓦伦丁(Valentine)便携式打字机,好利获得,1969 年

埃托·索特萨斯，玻璃纤维家具，普仇努瓦，1970 年

似，如，"意大利：新的家庭风景"（1972年，纽约）；1973年的米兰三年展；柏林的国际设计中心协会（IDZ）以及波罗尼亚的"在场/不在场"。整个20世纪70年代，这种关系一直在发展和分化着，直到1978～1979年的阿卡米亚。同时，最初的这支队伍又迎来了第二批年轻的新同志。米切尔·德·鲁齐（Michele De Lucchi）以独立身份与索特萨斯事务所合作；1980年，马可·扎尼尼（Marco Zanini），马可·麦拉贝里（Marco Marabelli），马特·桑（Matteo Thun）和阿尔多·西比克（Aldo Cibic）创建了索特萨斯事务所，此后又加入了乔安娜·格莱文德（Johanna Grawunder），迈克·赖安（Mike Ryan），马里奥·米利吉亚（Mario Milizia）和詹姆斯·埃尔文（James Irvine）。

就索特萨斯事务所而言，建筑和设计并没有明显的区别，他们只是同一创造过程的两个方面而已。设计常常是建筑的一种练习。构思一个设计作品的过程，就任何尺度而言，都成为了建筑的一种"机遇"，一种合成，或是分解和再聚合的练习。也就是说，就算语言学层面上的极小变化，简单的日常用品，一件家具或室内设计的字母、语法、句法都成了一种更广泛的设计。他们的作品属于一种涵盖人们生活体验的建筑设计，这种设计有着出人意表的简单，但也含有明确的姿态、庄重的礼仪性和复杂性。然而他们并不想丢掉对于层次和尺度、序列和突变的感觉，这些元素是在寂静和冥想中感知到的。每一个开始和每一个媒介，每一个通过语言或是绘画的视觉符号接合、发展或表达出的概念都是一种建筑的练习。

建筑和设计的隐喻——孟菲斯的经历（于1981年第一次展出），也经历了这个过程，即物体、环境和建筑之间辩证的、综合的联系。关于空间创造中独一无二过程的不同复杂性元素，正向着最好和最为平衡的结构和语言学方向发展。孟菲斯吸取了激进时期（该时期结束于20世纪70年代末最后一次主要的阿卡米亚展览）所进行的批评分析过程。它将要以该种方式和强度说出人们不希望听到什么以及人们乐于听到什么。许多人都认为它是对一致和匿名、对如此之多的迟钝——理性主义或其他——的转化和再审视的惟一反映。

然而，对于索特萨斯事务所来说，这意味着一种将他们自己加速推向更复杂思想的热望。这个新的语言成果和解释的概念性结构自然而然地将他们引向一种方法，通过这种方法可以在建筑设计方面学到越来越多的东西。

这个语言学的、概念性的成果第一次出现于孟菲斯经验中，它始于1985年，是为埃斯普利特（Esprit）在欧洲和亚洲的连锁店所设计的多种方案。这些设计项目现在使用着一种自治的语言，这种语言是有关内部或外部体积的，却没有事先存在的不便和约束。

SE FOSSI RICCO, MOLTO RICCO,
MI CONFRONTEREI CON I MIEI COMPLESSI

埃托·索特萨斯，《如果我丰富，非常丰富，我将直面我的神经衰弱》，纸上作的水彩画，1976 年

意大利式的景观设计：
索特萨斯事务所的设计立场

帕特里齐亚·兰佐（Patrizia Ranzo）

意大利因为地理与文化的因素，总能成为文化与思想碰撞的地方。在这里，不同的世界观相遇、相融合，产生了丰富多彩的新观念。

这块土地善于接受与吸收外面的思想与成果，并与其异常丰富多彩的景观相结合。所以说，景致的丰富不仅仅是地质破碎的结果，也是由文化的多层次性造成的。

对于自然的理解作为人类文化的产物，是人内在与精神的直接反映，事实上，这种理念一直是意大利性格特征的一部分。这种内在的思考的成果与外在的环境、人类的活动及意大利的丰富地貌相联系，产生了一种开放性的辩证法，这种辩证法指导了意大利所有的文化及产品。在这种语境中，讨论意大利的地貌也就意味着是在讨论它的思想水平。分析意大利自然的多样性与自我剖析是等同的。如果我们在意大利呆得久一些，观察它的自然特征及地理位置，我们会发现除了在地中海地区毋庸置疑的中心位置外，它的位置还稍微有些偏东。地中海的景观，尤其是它的南部与东方是相叠合的。这种文化与自然的紧密交融使得这里即便是自然，都是涉及不同种族的。开花的仙人掌长在橄榄树旁边，阿拉伯柠檬树紧邻蜀葵，而柏树又与棕榈树长在一处。与其他伟大的文明一样，位于地中海的意大利，无论在表象或事实上，都包含了其他的文明。"雅典娜是黑人——如果你回头看看——是黑人"，这是一首非洲那不勒斯人的歌，来自于一本非常著名的书。我们都在这种遥远的基因根源中，在这种异乎寻常的慈善、变化、富饶或者有时荒芜的自然环境中认清了自己。

在这种自然以及与之相对应的文化氛围中，意大利修饰丰富的表达具有了错综复杂的结构，而意大利的性格特征在20世纪以前就通过这种复杂的结构显现出来。对于丰富景观（包括自然、光与广场、房屋）的彻底讨论、探究告诉了我们创作的根基。当艺术完成现代性的使命，就摒弃了它被指定的陪伴人们的物体及街道的职能。这样，物体变成了景观，并具有了泥土、田野、番茄以及蓝天的颜色。这些物体就负载了意义和微妙的关系，我们可以在内在的景致中读出历史与瞬间。这就是意大利的设计那样接近我们这颗行星文化中心的原因。

北方的物体设计特征是内敛的（灰色或金属色，以及封闭的形状），而意大利的文

埃托·索特萨斯，碾压塑料的组合家具，莫曼斯（Mourmans）画廊，1994年

化与之不同。当历史似乎在沿着一种轨道运行时，在迅速消失之前仅仅稍微触及我们的命运，它的设计，尤其在它最重要的方面，更关注人本身。意大利设计的这方面特征可以由索特萨斯的作品体现，因为他表达了这种不同的种族和辩证法特征——敏感地准备聆听哪怕是极细微的那些信号。

索特萨斯是杰出的内在景观设计者，而在他所属那种完整的城市景观中，已不再有内与外的区别了。他是为数不多能在由混凝土、人类、以人为中心的自然片断、商品和人工照明组成的变化的历史景观中，读懂其神秘内涵并找到自己位置的人，他是人群中意大利精神的坚强代表。通过设计，索特萨斯耐心地展示出景象的片断，这些片断为我们展示与恢复了那些我们在世界上每天所忽略的东西。我们的眼睛掠过失误，没有停下来检验它们。这位意大利最伟大的设计师的作品中出现了名为"忧郁"（Melancholy）的设计，这个设计依据与其他事物的关系，赋予每件事物以意义。一块颜色、一张咖啡桌扫过一扇门留下的缝隙、在花瓶里精心布置的花——所有的事物都在一个连续的故事中结合在一起。而这个连续的故事一直贯穿在索特萨斯的设计表达中。

在这些年中埃托耐心地搜集着景象，并在仔细地思考新的可能的诠释之后将其返还给我们。由于他的故事，我们的物质文明、意大利的历史与特征——地中海与东方的交叉路口——将作为未来后代的遗产进入下一个千年。技术以其自身的属性使我们与物质的世界远离，与人和物的创造性关系远离。埃托则正相反，他与世界上的事物保持着强有力的联系。技术使我们与宇宙更近了，它通过放松地球对我们的束缚使我们变轻了。埃托则使我们牢牢地站在地上，他呼吁我们真实地看待周围的事物。事实上这种极端的真实是他所有作品的写照，推动着他进行着超越工业系统严格的产品试验，而且也将他自己放到了人与人工技术之间的狭小空间中。

在埃托的全部生命中，经常会体会到"坚挺的白线穿过心脏"——在建筑师们胸前口袋里的流动规则——的不安，这是20世纪之初穆希尔（Musil）所描述的感受。如果将生命看作一个连续的设计项目，技术和文化的分裂——关于现代性的诸多争论的症结所在——将可以轻易解决。只有从这个角度，这个惟一可能的角度，对于"在场"、对于时代的感受才能像幽灵一样，掠过他作为建筑设计者创作的全部作品后而重新被拾起。

目前的设计

在粗糙的米兰，有时是苛刻而冷漠的地方，意大利最真实的精神特征——外向与包容、活跃与开放的思想——是由索特萨斯事务所在物质与精神层面上再现出来的。意大利的景观融入日常生活的物品与形式中，在那里，在一种连续且动态的进化中，它找到了自己的历史沿革。

从 20 世纪 80 年代开始，当索特萨斯事务所成立，而孟菲斯的事业——一个非常电气化的工作室，一个创造能量的电容器——开始成型时，情况完全变了，而且表明这些年以及将来所惟一坚持的东西只不过是向新情形发展的连续变化。转变了的工业世界，为了重新生产，要求不断定义新的质量与目标。

索特萨斯事务所在这种潮流中运作，变化的设计景观更多地满足人类的需求而不是生产系统的需求。它的设计力求在物质的世界中，在现有的技术条件下，总能提供新的选择。这样，一种物品就诞生了，作为"敏感的形式"，它与人类之间存在着积极的联系。这种"敏感的界面"的品质是索特萨斯事务所的设计所不懈追求的。它是从诸多控制系统，从 20 世纪 80 年代设计的机械工具到伊诺米（Enorme）公司的自动工厂企划案中，以强势的姿态展现出来的。在这些产品的设定中，人，那些被从像沙漠一样的现代工厂中驱逐出来的人，又一次通过对新的历史性的品质的辨别而占据了中心地位。

对于公司中的每个人来说，20 世纪 90 年代的工作包含了工业世界几乎所有的方面。随身的物品（如笔、表等）、椅子、桌子、灯具，甚至交通、通信所组成的世界的色彩与表面——所有的事物都经过了连续的设计规划。在对当代物质文化可能性的探索中，许多员工加入了，许多员工离开了，而其他的人也在这一过程中被改变了。在一个新世纪的开始，索特萨斯事务所从 20 世纪 50 年代开始的历程所留下的全部成果都汇集到一个主要的作品中，这个作品是索特萨斯事务所成熟与全面的表达：那就是马班萨（Malpensa）2000 年机场的设计方案。

从国外到达马班萨，人们会立刻体会到意大利的气息，其中包含着"敏感、多彩、寂静、幻想、谦逊，但仍不失冒险与华丽"。马班萨在作为一个机场之前，首先是一个场所；或许就是因为在这些空间中，经常可以发现在拥挤区域提供的小块隔离，我们这些旅行者可以把握住迅速消逝的时间。它是"一个不透明的、内在的场所"，其中所有的材料都表现出其最温暖、最真实的一面。在它的简单设计中，隐含的丰富仅仅在这里或是那里的表面浮现出来。在这环境中，建筑师的愿望就是再现难于表达的在场感：这就是我们位于东方地中海的意大利的性格特征，这就是接下来许多产品表达出的在场感，这就是在和我们一样独一无二的文明中已经存在的无数思想。

埃托·索特萨斯，布鲁诺·毕斯乔夫博格（Bruno Bischofberger）画廊的《卿利格拉夫（Kalligraphy）》，苏黎世，1996 年

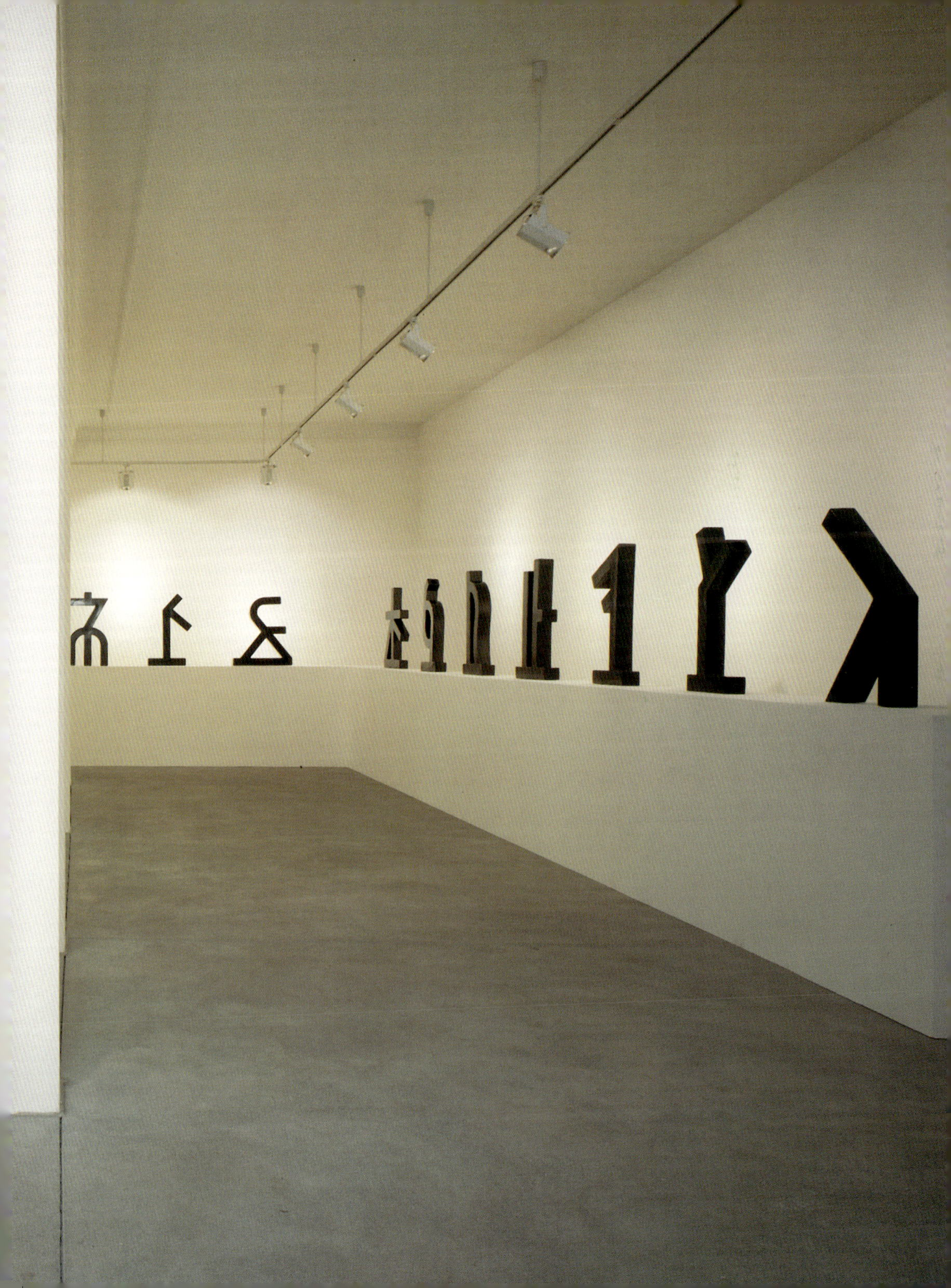

草创时期大事记

芭芭拉·拉迪斯（Barbara Radice）

他们 1980 年 5 月 10 日在一个米兰公证人的小办公室里结成合作伙伴，那个公证人惊讶地发现自己在为一群建筑合作伙伴公证，除了著名的埃托·索特萨斯外，其成员还包括两个刚毕业的学生，马可·扎尼尼和马特·桑，而"艺术家"阿尔多·西比克和马可·麦拉贝里仅仅作为顾问。他们仅开过一次简短的会议，达成了一些含糊的共识，但他们每一个人都相信其他人的智慧与热情。

导致最后结成合作伙伴的第一次会晤是 1975 年 3 月在扎尼尼和索特萨斯之间进行的。佛罗伦萨大学的二年级建筑学学生马可在一个运用全球化工具（激进建筑师和知识分子的自由合作）运作的工作室中会见了索特萨斯。后来他又在索特萨斯米兰的工作室中和索特萨斯见面了，并共同度过了一个早晨。扎尼尼这样解释，"在那些日子里，索特萨斯做事是耐心与缓慢的，还有时间去做其他的事"。接下来的日日夜夜里，温暖的友情逐渐发展。他们的相遇是幸运的。这两个人，不同的年龄、不同的性格、不同的经历、不同的教育，却感受到了来自于同一片土地的——事实上来自于同一片"白山"，

白云石——细微的、神秘的、但却非常有力的亲和力。他们作为知识分子还有着同样的骄傲与孤独的品格，对于乌托邦有着同样的乐观、雄心以及设想。或许索特萨斯在扎尼尼身上看到了自己年轻的热情。或许扎尼尼以其探寻的、超然的态度发现索特萨斯是理想的领路人。接下来的 1976 年马可去了美国一年，去"看那个世界"。他写信，寄明信片，在他 1977 年回来之后开始和索特萨斯一起工作。第二年他毕业了，并于 1979 年去服兵役。在军队中他写信给索特萨斯及其他有抱负的合伙人，提出他对未来公司的建议，这些合伙人是在他服役期间出现的，并且和索特萨斯一起在米兰工作。

1978 年的维琴察，阿尔多·西比克是一位 23 岁的设计专业学生，他是那群人中惟一一个不是和扎尼尼一起会见索特萨斯的人。在一个完全偶然的情况下，一天，一位亲友发现他正在学习建筑学时对他说："我也认识一名建筑师，你认识他么？他的名字是索特萨斯。"西比克知道他的名字及名气，不久以后，他也开始经常光顾索特萨斯工作室。两年中，他穿梭于维琴察与米兰之间，在索特萨斯工作室工作的同时继续在维

琴察做一些小的室内设计工作。那些年里他驾驶着一辆"花花公子"和一辆"雷诺（Renault）5"汽车，而在米兰的时候，他睡在桑的起居室的沙发床上。

西比克与扎尼尼和索特萨斯明显相反。他是一个性格外向、善于交际而且喜欢交际的人，而那里的其他人则是性格内向、沉默寡言而且孤僻的人。但就是因为有雄心和喜欢冒险，他来到了米兰并立刻陷入到复杂、不安且相当世故的关系之中。他今天已经承认，事物有时看起来很凄凉。"我确信，如果我将它赶出去，那里将是它合适的位置"，他说，"我有信誉，但拥有信誉最多的人是埃托。"

桑的开始是最困难的。桑也在佛罗伦萨学习建筑学，由扎尼尼推荐给索特萨斯；但是索特萨斯非常"担心"桑，因为"他用陶瓷做出了可怕的东西"——飞行的海鸥，其中有3只流着血与泪。索特萨斯感到惊骇并告诉了他自己的感受。扎尼尼开始干预桑的行为。桑总是抱着创造"一种感觉"的目的，生活在病态残忍及粗劣作品的边缘。如果它是一项运动，它一定是最危险的——滑雪不是在雪上，而是在地中海的火山灰上；

如果它是一个花瓶，它必须看起来像是一个阴茎；诸如此类。索特萨斯的保守是非常正确的，但1978年桑开始在工作室工作。他在这里呆到1984年，1983年索特萨斯在维也纳帮他谋得了陶器教授的职位，他的关注点开始偏移了。

最后一位合伙人，马可·麦拉贝里，也是扎尼尼在佛罗伦萨的同学，他从未毕业。他不像其他几位那样有抱负，一直与扎尼尼和桑保持着友谊，也并不是同样对工作室尽职尽责。他于1982年平静地离开，或许是为了寻找更平静的工作经历。

1980年5月，索特萨斯62岁，每一个人包括他未来的合伙人都认为他彻底疯狂了，认为他没有责任与那4位挑剔、智慧、但却完全没有经验的青年们建立一种平等的合作关系。但索特萨斯说，"我总是存在和别人一起工作的想法；你可以做更多的事，你可以分享成就与责任……我总是和非常年轻的人一起工作。当我年轻的时候，没有人给我任何工作与机会。我知道我已经做出了一些成绩，我会永远记着。我也知道人在一定的条件（问题是要弄清楚条件）下，可以做出令人难以置信的事。我相信年轻人比年龄大的人更诚实、敏感，有更多的质疑、更少的专横。"

"他们并不是都像那样，但……这些孩子看起来是诚实与热情的。他们是快乐的年轻人……开始的时候他们真的年轻；我时常会出一身冷汗。"事务所就这样开始了，以非常冒险的方式开始了。"甚至在经济上"，扎尼尼回忆说，"没人有钱，我们用我们的第一笔收入负担经费开支。"

西比克甚至记得第一次外面的合作者，"一伙墨西哥人"，都反映了事务所的愚蠢与那一时期的状态。"他们是4个从墨西哥来的设计师。他们和我们同龄——一群野蛮的中美洲人。后来又有澳大利亚人及其他地区的人。"

到1983年事务所已经达到了令人敬佩的职业水平，而且规模扩大了一倍。从那时开始，客户、委托、合作开始持续增长。图形设计部1981年由克里斯托弗·雷多（Christoph Radl）组建，因为扩大了许多，而不得不移到单独的工作室去。

索特萨斯事务所真正的奇迹是非同寻常的领悟力，那不是一种一致，而是一种计划周详的思考，是一种日复一日热情的坚持。

索特萨斯事务所甚至咨询心理学专家，以便更好地分析、理解形式。有意识或无意识地，每一个加入其中的人都同意这种观点——一种所有作品的指导思想。这个指导思想是生活的品质，自己的生活品质或是其他人的生活品质，这是每一个人通过认真工作，设计与众不同的产品所能够获得并提高的生活品质。索特萨斯说："我们从不把提高生活的品质的目标看作独立或个人的行为。我们认为与他人共事的能力是当代生活品质的一部分。"

无法估量的因素是不能忽视的。"我有一种与生俱来的盲目忠实"，西比克说，其中暗示着挑战。扎尼尼补充说，"这是一个幸运的事务所，就像天生丽质，它是幸运的。"扎尼尼穿着黄色的衬衫外罩绿色的夹克，系着靛蓝色的领带，说话的同时调整着夹克口袋里的4条橙色手帕。

米兰，1987年

吸纳空间

赫伯特·马斯卡姆（Herbert Muschamp）

我们认为经典的现代主义设计是现代工业的反映。我们经常用的那个词——"工业设计"——某种程度上是在倡导将 20 世纪的工业产品提升到美学形式的判优器的地位。但实际上现代主义家具最经典的例子，例如马歇·布劳耶（Marcel Breuer）、密斯·凡·德·罗（Mies van der Rohe）、勒·柯布西耶（Le Corbusier）设计的桌子和椅子，反映的仅仅是现代工业系统有限的一个方面，即工厂装配流水线。

对于现代主义者来说，流水线绝不仅仅是一个机械过程。它还是一种文化的隐喻——一种符号仪式，其中插入的物质的实质如魔法般地被转化成先验性的文化符码，充满了现代主义信仰的内容：人的双手退化成浪漫个人主义以及主观品位的象征；历史样式以及贵族联想的批判；机器被提升成为社会与文化变迁的工具。当然，许多现代主义的经典设计本身并不是流水线的产品；它们是手工加工的艺术品，以装配流水线为主题，被设计成仪式的中心，通过它们，世界最大程度地感受到了现代主义景象的烙印。

但工厂流水线只是工业过程的中间阶段——20 世纪三部曲的中间一段。在它之

前是设计的过程（包括信息搜集，也就是现在所说的"市场调查"），在它之后还有分配过程，没有这一步工业系统将不能存活。这两部分对于现代主义设计师来说是空白。现代主义作品——或者如勒·柯布西耶以及其他的现代主义理论大师所说的现代主义类型的作品——被认为它似乎从头到尾都是在工厂的围墙里成型的，似乎每一把椅子都是由机器或者（至少从批判的观点看）为了机器而设计的，没有任何人类的主观介入。事实上，从现代主义的观点来看，作品从未真正离开过工厂，因为整个世界和世界上的所有建筑将被重新赋予工厂的形象。

当然世界并没有被按着那种形象重新建造，那仅仅是我们"好的设计"理念最确定的样子，也就是因为这个原因，很容易忽视埃托·索特萨斯及其合作设计师作品中与生俱来的现代主义意义。因为从表面看来，索特萨斯事务所的设计一再地颠覆了每一种现代主义设计所被默认的效果。

我们看彩虹的颜色，期望看到的是由单色组成的调色盘。我们看被应用的表面的质感，期望看到的是被揭示出的材料的本质。如果我们看到的形状不能立刻与功能概念的

样本相符合，那么在被告知去期望标准的地方，我们看到了惊奇。解释我们的期望与面前奇异的景象之间差异的最简单方法，就是认为索特萨斯的作品是对现代主义景象的不尊敬的打击。作品虽然不尊敬那种景象，但却是那种景象的一种延伸。索特萨斯的设计中，没有任何与现代主义者赋予工业文化的客观视觉表达发生根本性抵触的东西。只不过索特萨斯的视觉焦点从流水线转移到了分配系统。他的杰出贡献就是发明了一套用当代世界的形式来表达分配系统重要性的视觉语言。

这种语言表达了现代主义作品的概念从生产模型到吸纳模型的深刻变革。生产模型强化了统一、标准、客观真实的价值，而吸纳模型强调的是可能性、选项以及主观加入制作、拖延、选择的过程。这不是工具制造或印模压铸的模型，这个模型是我们挤进展厅的模型，是我们在目录里翻找的无数他者之一的模型，是我们被允许试穿，或者"仅仅是观赏"的模型。索特萨斯事务所的作品是形式的文章，这就是说他们的主旨不是现代主义类型作品晶体般的完美，而是多样的与不断变化的语境。在这里制造出来

的作品找到了自己的位置，同时这些作品也为文章带来了愉悦。这些作品不是研究玻璃或椅子的本质的类科学的结果，而是对于周围感悟的发现，这种感悟包括所有可能的形式，而且根植于自由领域的隐喻。

自由，包括消费的自由，与隐喻相反，是机器提供的惟一自由，这是索特萨斯事务所偏离工业三部曲中心背后的哲学规则。因为虽然承认工业化是文化系统的主流，索特萨斯却拒绝将机器的权利放在道德、精神及艺术等所组成的半球中心上。

他的语言强调创造我们生存空间的内在主观能动性的力量。他的家具、室内和图画是我们日常努力在当代城市中自主生活的视觉表达的浓缩。这个城市不是被以无所不知的伟大设计师崇高的怀旧视角来看待的，而是以看似没有任何逻辑关系的变化的视角来看的，从人行道栏杆的直角到走过来的陌生人的体态，从商店橱窗里物品的光芒到晨报纸页真实的沙沙声。这种扫视的逻辑是内在的，它不是以一种几何的而是一种叙事的结构——即普通人话语无形的结构，我们运用这种话语来描述我们那天做了什么，看到了什么，从可供选择的世界里汲取了什么来行

使我们占据自我世界中心的权利——来记录我们是怎样分配注意力的。

理解为什么现代主义者不去探究分配的美学内涵并不困难。毕竟现代的世界是将会到来的世界，是未来的世界，未来将仍由生产出来的形式所建构。现代的优势就在于它将生产仅仅到了未来才能被理解的形式。

索特萨斯的感悟来自于一种理念，那就是今天，许多个10年过去后的今天，我们就是那时候的未来，我们生活在这个世界，我们接受了那时的幻想。这不是现代主义者想像的那个世界——仅仅一个窗户上未经正式批准的彩色窗帘就足以摧毁那个梦想——而为什么世界会成为这样？吸纳与生产是不同的经历；为什么它们看起来要相同？我们不是形式的给予者，我们是形式的接受者。索特萨斯通过物化他的信仰刺激了我们的接受能力，他的信仰就是他和我们分享共同的领域。创造吸纳空间，甚至在工厂，在整个现代主义神话成型的工厂创造吸纳空间。谁能说机器不梦想着去购物？索特萨斯坚定的目标不是用设计的形象重塑世界，而是用世界的形象重塑设计。

"BARBARIC INTERIOR"

埃托·索特萨斯，《粗野的室内（Barbaric Interior）》，蛋彩画，1985 年

1980 ~ 1985 年

索特萨斯事务所于 1980 年 5 月成立的时候正赶上激烈的思潮运动。索特萨斯和米切尔·德·鲁齐正在考虑离开阿卡米亚小组，而在接下来的几个月里，离开的决心达到了顶峰，在 1981 年，孟菲斯的第一次展览中马可·扎尼尼、阿尔多·西比克和马特·桑的作品为展会的特色奠定了基调。

阿卡米亚曾经代表了研究与交换理念的主要时期。但在它的支持者第一次合作后仅仅两年，分歧便开始出现了。阿卡米亚从未担心过杂志的销售与分发。桑德罗·古瑞里奥洛（Sandro Guerriero）是阿卡米亚的创始人及董事，他与亚历山德罗·麦狄尼的理念很接近，并想要根据收藏家的项目生产并销售原创的和限制数量的作品。索特萨斯、德·鲁齐以及已经成形的米兰工作组的其他年轻建筑师们，则非常渴望通过工业和产品

的数量、质量及形象来衡量自己的能力。他们感觉到激进的反主流文化的时代已经结束了，它的理论也结束了。他们开始讨论新设计。

争论的主题很多，涉及的不仅仅是设计的布局与形式方面，还包括更重要的实施因素。在预想的与工业的崭新关系中，设计师应该有自己正确的话语，甚至在市场决策方面也应如此；他们不能仅仅局限于设计将被投放到生产线上的物品或家具，他们应该用全新的视角来看待家庭、生活以及与公众的关系。

从一开始，索特萨斯事务所就不得不处理事务所内部与外部之间高度复杂的经营问题。这个问题同时也是为一些诸如曼德里（Mandelli 机械工具）、布朗威格（Brionvega 电视机）、威拉（Wella 电吹风）等大的工业公司

做的设计中存在的挑战。

　　从设计的视角而言，向着更大尺度、三维和人居空间、语言与形式的创新转变的最重要一步已经在那些年孟菲斯的展览中成型了。埃斯普利特在欧洲的所有商店的设计任务，是新风格发展过程中非常重要的里程碑。空间必须被设计，在其中人们才能工作、集会与休闲。制造美学上令人愉悦的家具或物体已不是一个简单的问题。需要预见已完成的、可以居住的空间的感受，需要发明与运用一种不是围绕笛卡尔式的平面而是围绕人类生活节奏的三维系统。迫切需要研究新的有表现力的功能：塑料碾压板的应用，非对称，材料的搭配，新装饰的设计，

而最重要的是要更广泛、更老练地开发新的色彩，用于——准确地说——是用于建筑。

　　虽然孟菲斯的语言创新根植于大众的传统，但时代却要求他们的实践处于严格的控制与秩序之下。埃斯普利特商店以及香港多功能综合体竞赛、巴黎拉维莱特公园（Parc de la Villette）城市设计竞赛、米兰洛雷托广场（Piazzale Loreto）二次开发设计竞赛、威尼斯学院美术馆（Accademia）桥竞赛、旧金山斯纳博亚兹（Snaporazz）餐馆设计巩固与廓清了事务所的设计理念。同时，他们对建筑设计的方法与兴趣更加清晰。

作品

菲奥鲁奇（Fiorucci）商店
1980～1983 年

设计者：埃托·索特萨斯，米切尔·德·鲁齐，阿尔多·
　　　　西比克

合作者：安尼·塔比亚西提（Anita Bianchetti）

20 世纪 80 年代早期，菲奥鲁奇委托索特萨斯事务所为他的商店创造现代化的形象。为了这个目的，在这个设计中运用了为阿卡米亚做的工程中已经确定的语言要素，这些语言要素在孟菲斯做的埃斯普利特商店设计中得到重新运用与发展。

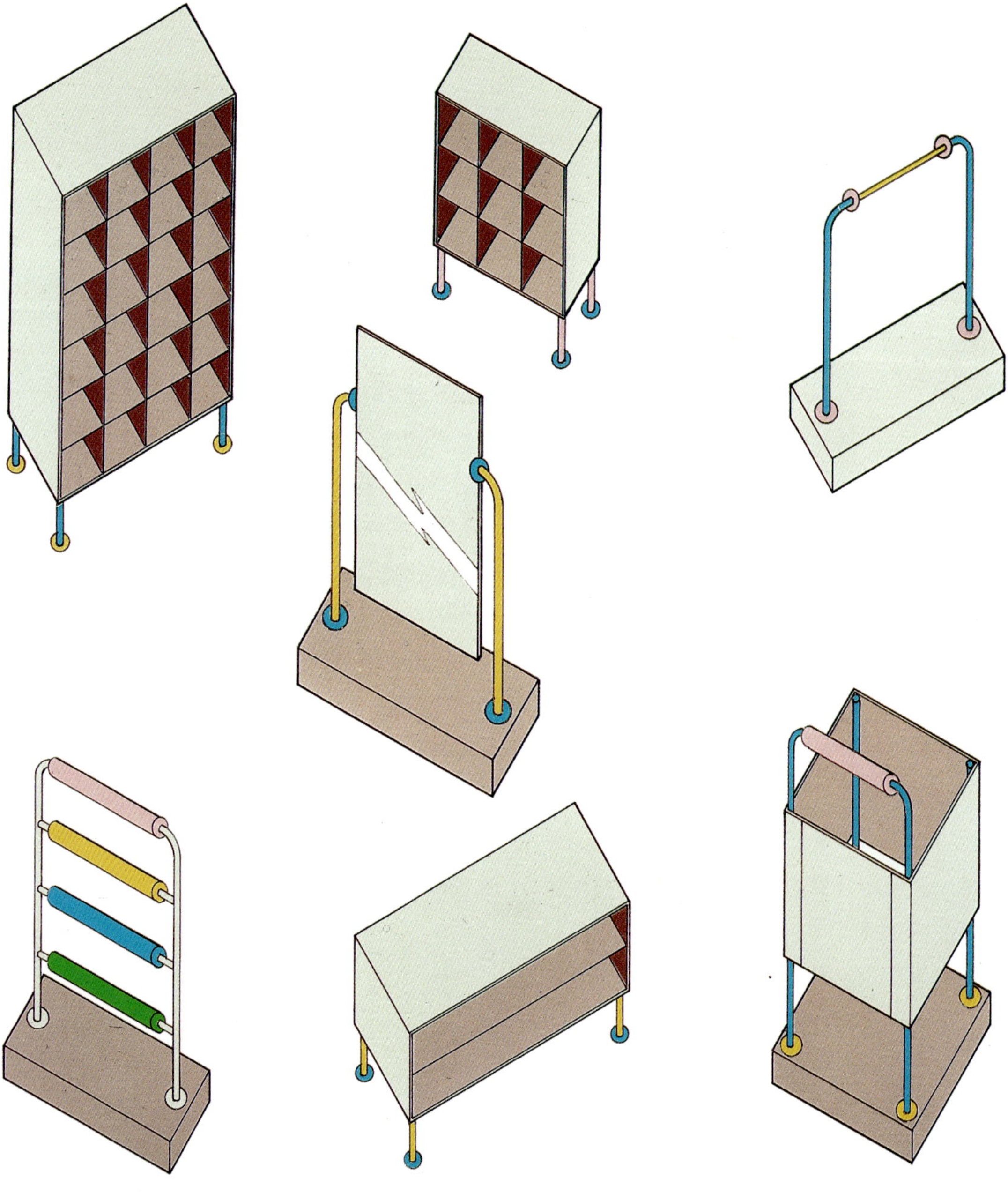

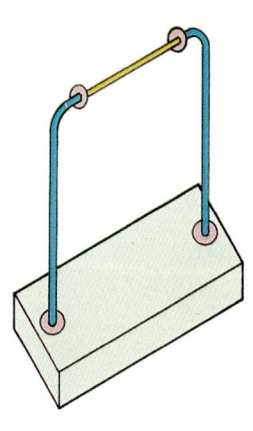

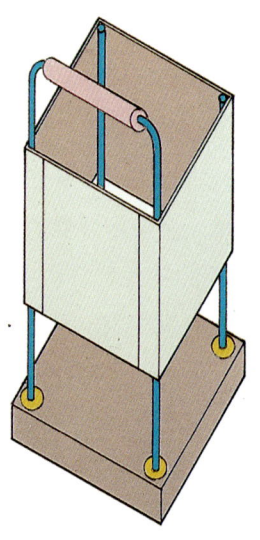

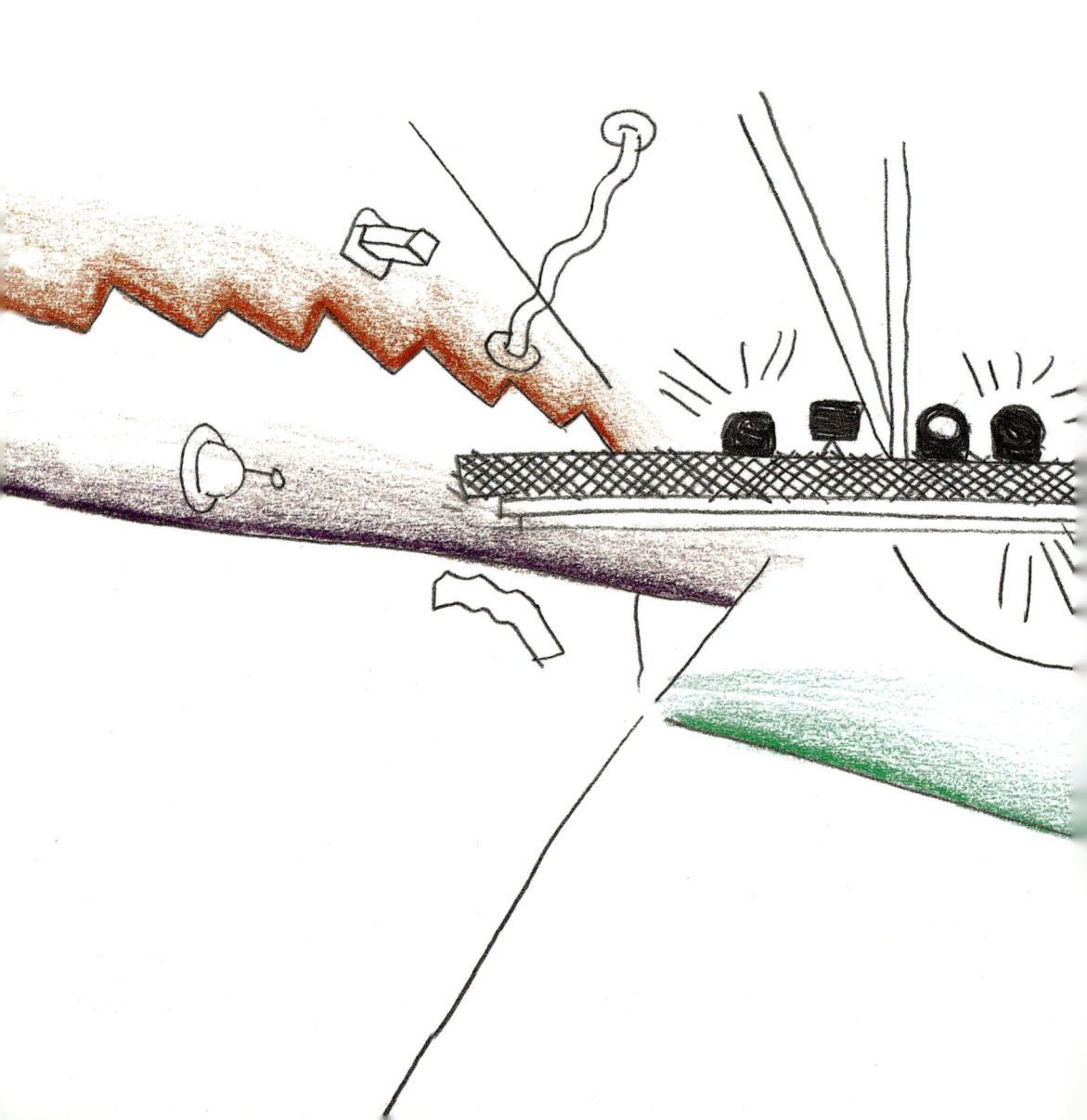

1981 年威尼斯城市议会宣布重建一些重要的建筑物，包括皇宫电影院（Palazzo del Cinema）、赌城以及一些附近的餐馆。索特萨斯事务所被委托设计赌城内的一家夜总会，他们提出了重点放在照明创意的方案。

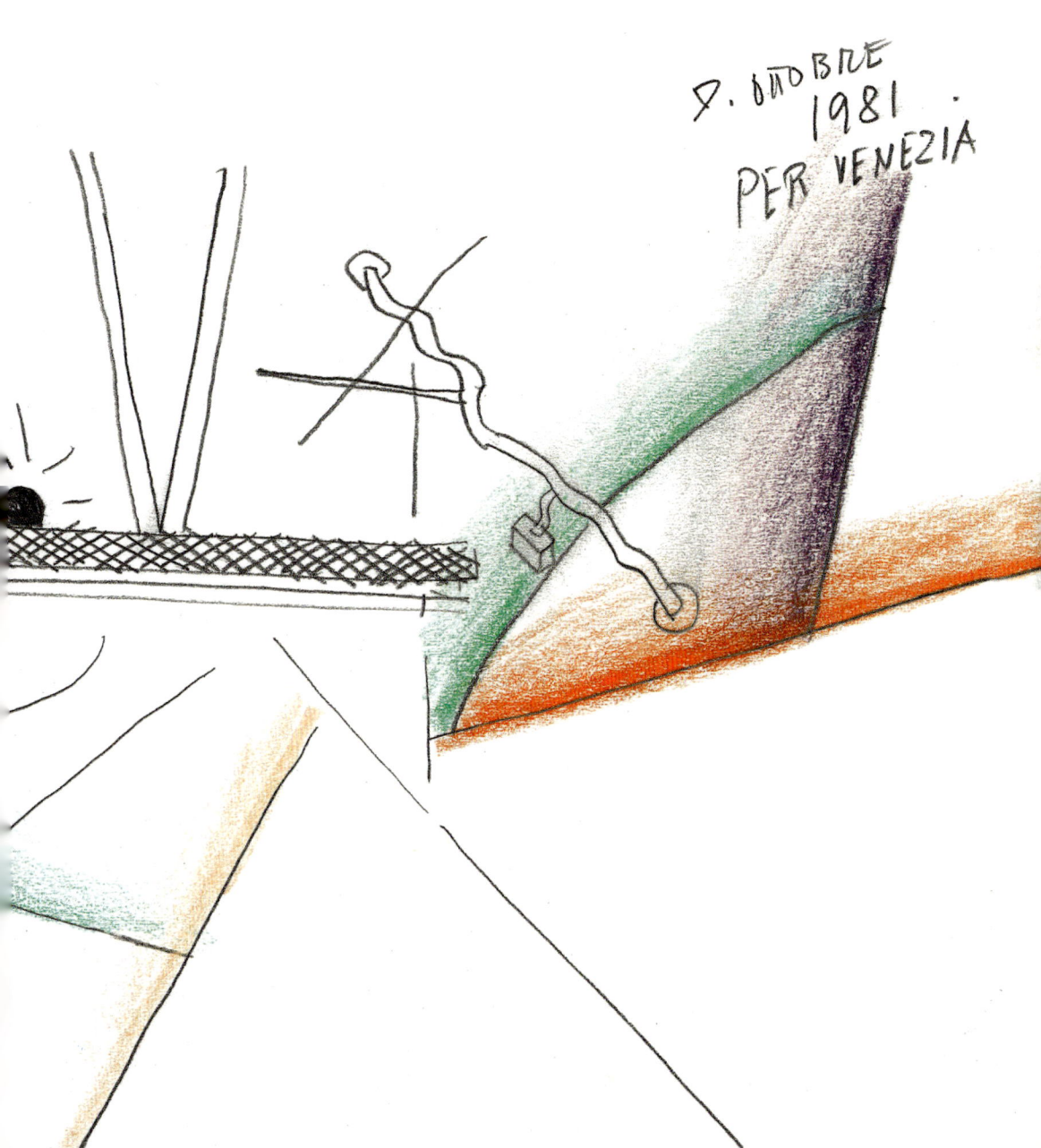

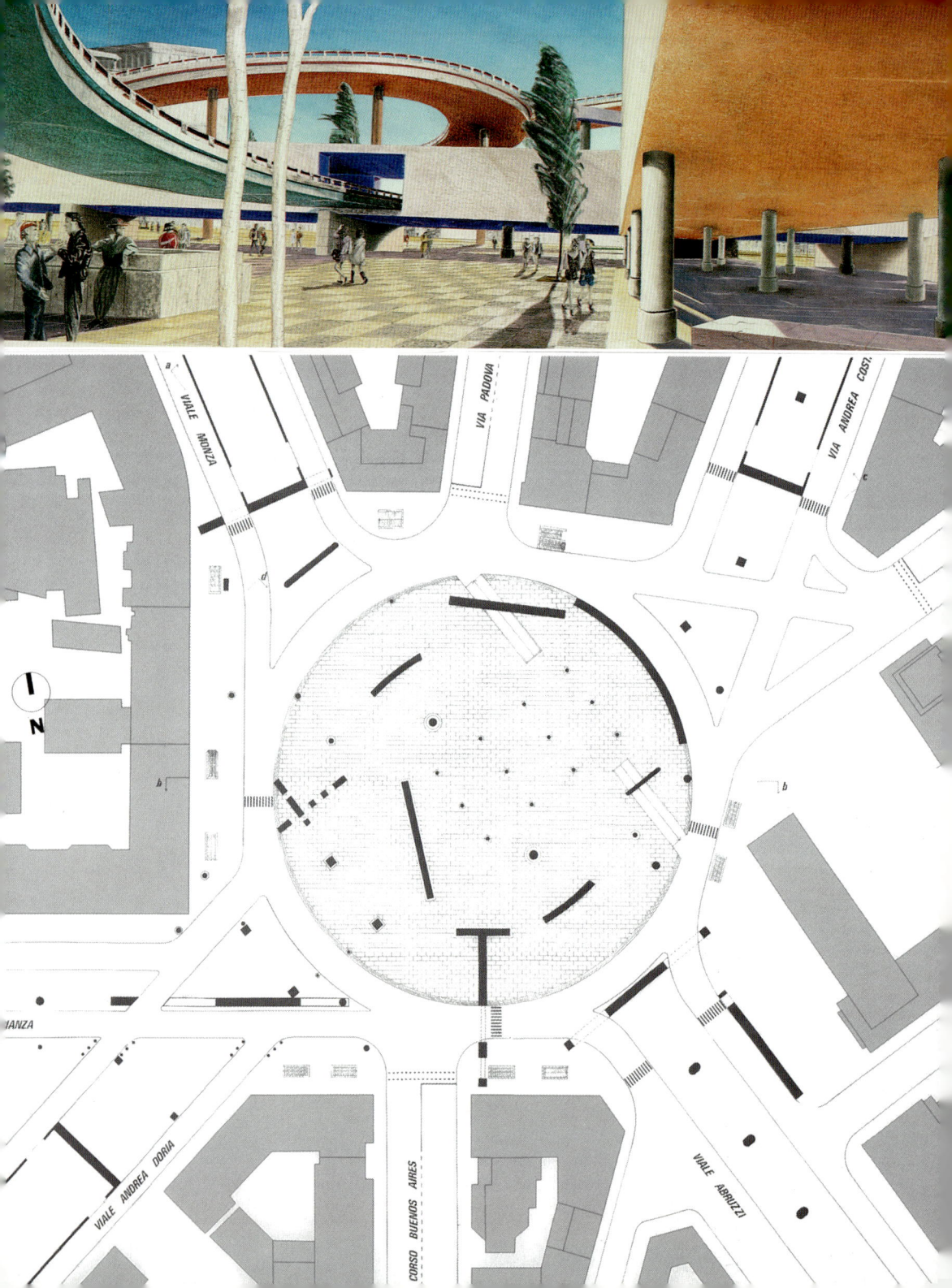

洛雷托广场二次开发设计
米兰，意大利，1985 年
设计者：埃托·索特萨斯，马可·扎尼尼
合作者：乔柯摩·特德丝奇（Giacomo Tedeschi）

　　这个设计旨在疏导汇集在米兰洛雷托广场的两条路的拥挤交通。主要的那条路是机动车进出城市的必经之路，设计成高架路；而那条境内路，为步行者和公共交通保留了下来，设计在地面层。高架上的主要车流被导向许多小路，来减少对周围建筑的噪声干扰，而在较低的标高上，高架的下面，设计了许多生活空间，有商店、餐馆以及公共交通的等候区。

某自动化工厂设计

1983～1985 年

设计者：埃托·索特萨斯，鲁西阿诺·托里（Luciano Torri），
马特·桑

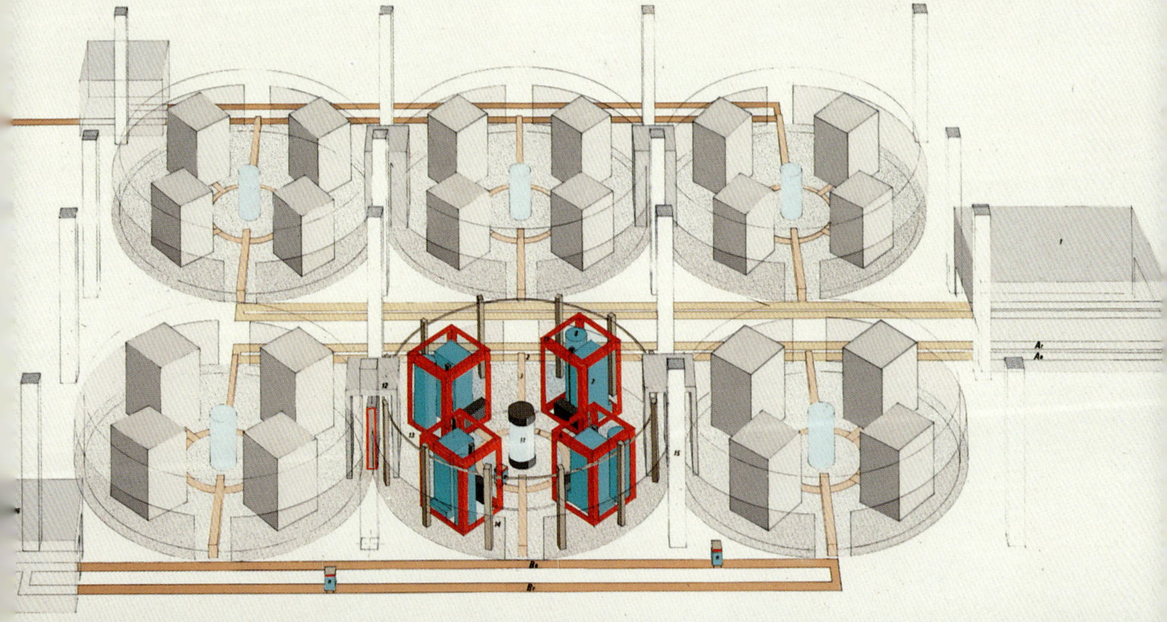

多功能综合体"高峰"竞赛

香港，1983 年

设计者：埃托·索特萨斯，阿尔多·西比克，马特·桑，
　　　　马可·扎尼尼

合作者：贝倍·凯提莱格利（Beppe Caturegli），吉奥维尼
　　　　勒·福米卡（Giovannella Formica）

这个国际竞赛是由一个富有的中国人组织
的，他在这块"有象征意义"的土地上买下了一

大块地产，这块地能看到城市与港湾。这个工程
包括许多类型的房屋单体和俱乐部、餐厅、游泳
池及公共空间。

索特萨斯的提案主要有 3 块，每块的形状不
同，但都具有中国传统建筑的元素，加以当代风格
的重新设计。小的、分开的块组成了公共区域。在
"山峰"天际线上的建筑轮廓以及在公共道路上建
筑的走势都和山脊平行，这一点非常重要。

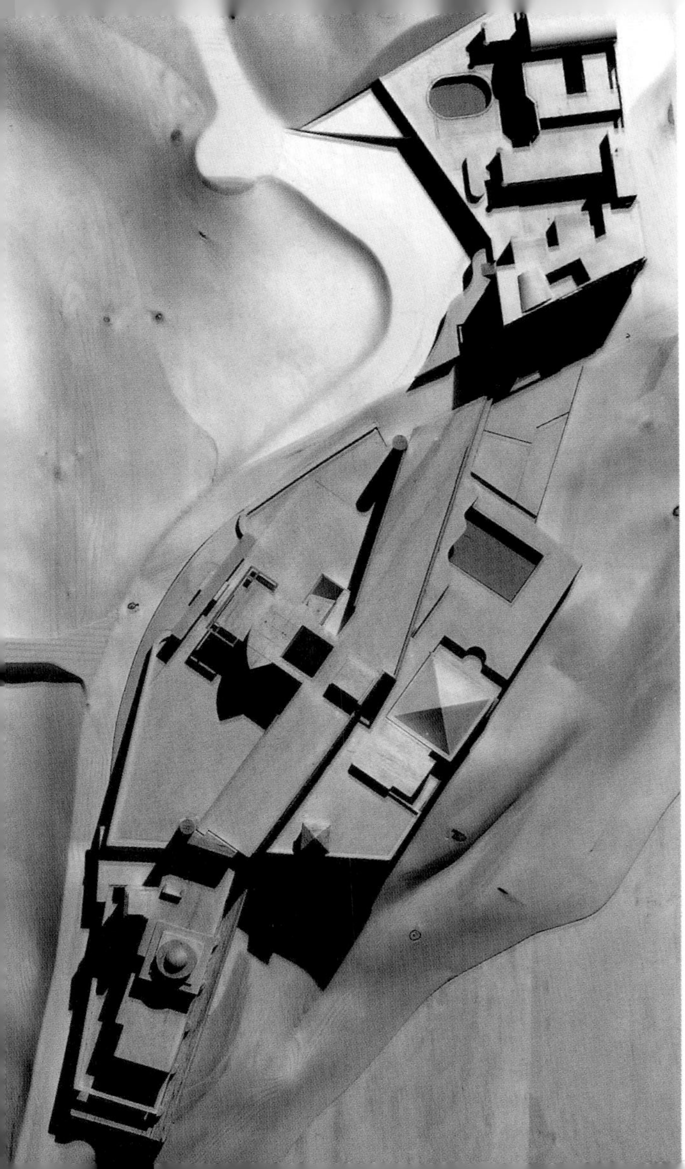

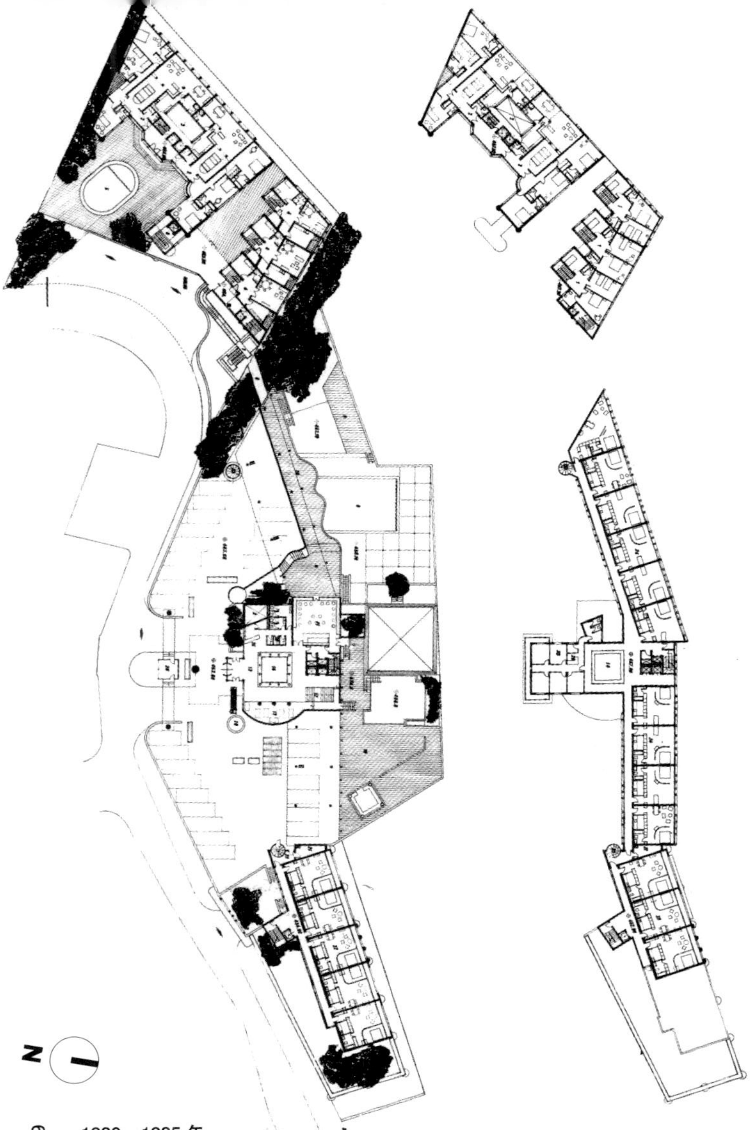

1980～1985 年

N

学院美术馆桥竞赛
威尼斯，意大利，1985 年
设计者：埃托·索特萨斯，马可·扎尼尼
合作者：肖·尼科尔斯（Shaw Nicholls）

　　这个设计旨在唤起伟大的意大利造桥传统的回忆，而且明确地说，是对帕拉第奥（Palladio

设计的里亚托桥（Rialto Bridge）的回忆。这座桥表达了不仅仅是跨越水面的意义，还表达了威尼斯人源远流长的市镇生活——从商业到观光，到社会化——在水上的继续。因此，这座桥在每边都包含了一系列的广场、踏步及露台，还有一些有遮蔽的区域和受到保护的步行小路。

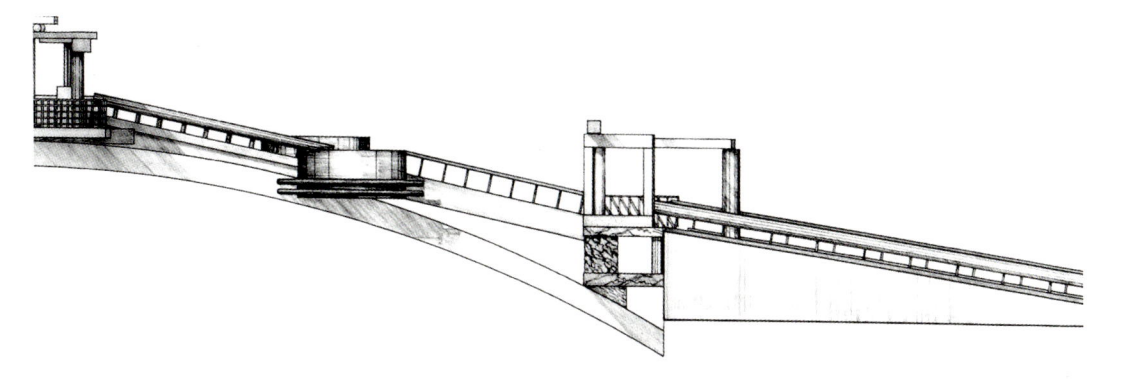

斯纳博亚兹餐馆设计

旧金山，加利福尼亚，1984～1985年

设计者：埃托·索特萨斯，马可·扎尼尼

合作者：贝倍·凯提莱格利，吉奥维尼勒·福米卡

斯纳博亚兹餐馆源自道格·汤普金斯（Doug Tompkins）的想法。这个餐馆提供意大利、中国、日本以及加利福尼亚的菜肴，被设计成由内部空间和花园的独特关系控制的房屋系统。就餐区被分成不同的区域，或大或小，或开敞或封闭。每个空间都面对着一个主题花园：带温室的仙人掌花园，热带花园，大理石花园和禅宗花园。处于这个餐馆中心位置的酒吧联系起各个不同的部分，并为客人提供了会见的场所。在大的就餐区之上设计了可供客人眺望海湾的空间，可经旋转楼梯到达。

POCO PRIMA ERANO STATI ALLA TORRE. IL MOMENTO MIGLIORE PER STRINGERSI IN UN'ISOLA VUOTA FATTA DI CIELO E DI NUVOLE. MA LOU DISTRATTA DAL CIELO COMINCIÒ A VEDERE GRANDI MERAVIGLIOSE NAVI SPAZIALI E CHIESE DOVE STAVANO ANDANDO. MOU VOLSE PERPLESSO LO SGUARDO A QUEL CIELO SOLITARIO, MASCHERANDO CON MUGOLII DI FINTO INTERESSE IL DISPIACERE PER L'OCCASIONE PERSA.

SCESI DALLA TORRE GLI SGUARDI DI LOU VAGAVANO ANCORA ASSORTI NEL LOCALE. SI POSARONO CON MALCELATA SIMPATIA SU UN GIOVANOTTO UBRIACO CHE SI SPENZOLAVA SUL TRAVE CHE PERCORREVA TUTTO L'EDIFICIO. MOU BORBOTTANDO CERCAVA IL SUSHI BAR.

LOU ADORAVA GLI ANGOLI ESOTICI, SOPRATUTTO QUELLI GIAPPONESI, LE PIACEVA GUARDARE IL CERIMONIALE DELLA PREPARAZIONE DEI PIATTI. MOU DISSE, CON UNA PUNTA DI RABBIA: "NON MI È MAI PIACIUTO STARE TROPPO IN MEZZO ALLA GENTE".

埃斯普利特汉堡展示厅

德国，1985～1986 年

设计者：埃托·索特萨斯，阿尔多·西比克

合作建筑师：迪特尔·詹森（Dieter Jansen）

　　汉堡的展示厅位于一个很大的阁楼里的第三层，原来这里是一个烟草工厂，离城市中心区很近。主要的空间里有一系列的大柱子，从头到脚都刷成白色或黑色，销售商的办公室由维琴察石材和灰色碾压墙面板不规则地分割。彩色的架子联系着分割墙，作为入口，标示着进入工作站。其他工作空间由曲墙分割，曲墙上覆盖着大花纹的灰色木板。其他的办公室、卫生间设计成小的独立房间，有着光洁的表面。

埃斯普利特杜塞尔多夫展示厅
德国，1985～1986 年

设计者：埃托·索特萨斯，阿尔多·西比克
工程建筑师：贝倍·凯提莱格利
合作建筑师：海罗德·赛福兹（Herald Syfuss）

2400m² 的杜塞尔多夫（Düsseldorf）厅是埃斯普利特最大、最重要的连锁店。它甚至还有一个酒吧和一个小餐馆。它位于杜塞尔多夫市郊内，含埃斯普利特的设计部。一个大理石的入口建在有彩色玻璃砖装饰柱子的保留立面前。因为旧的结构被保留又加上了新的元素，就获得了一种层叠的效果。这个展厅是由经过特别设计过的建筑元素组成的开敞空间；一座桥主宰了整个空间，而销售区域是由漆包的铁质棚架限定的。

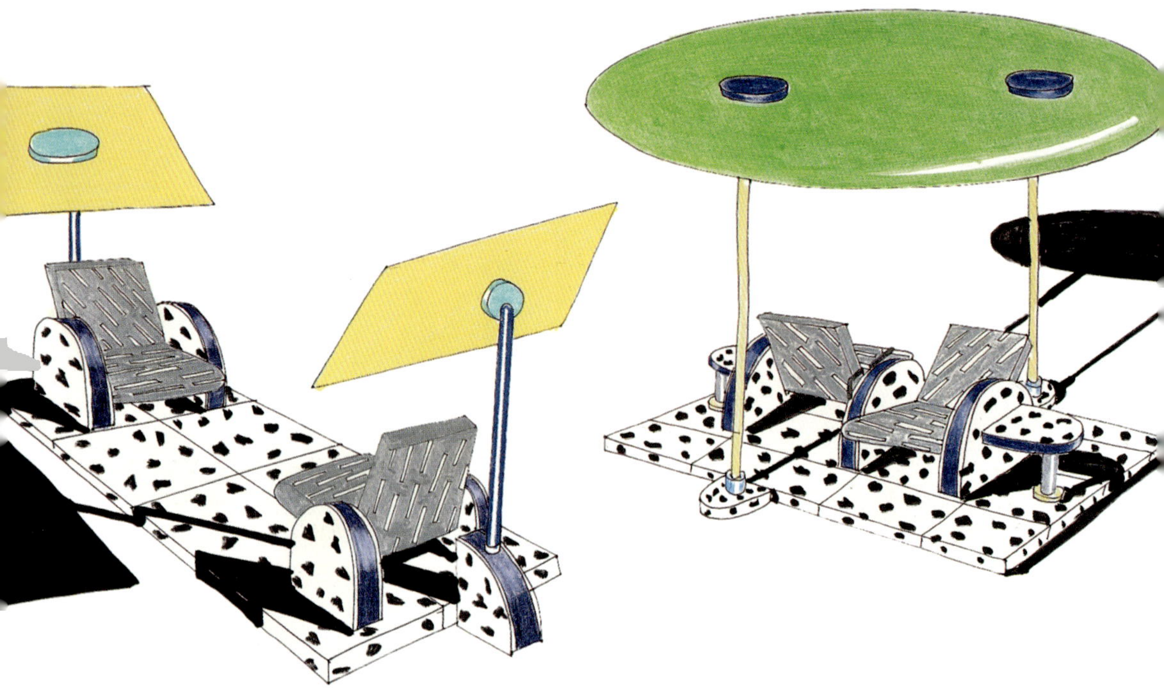

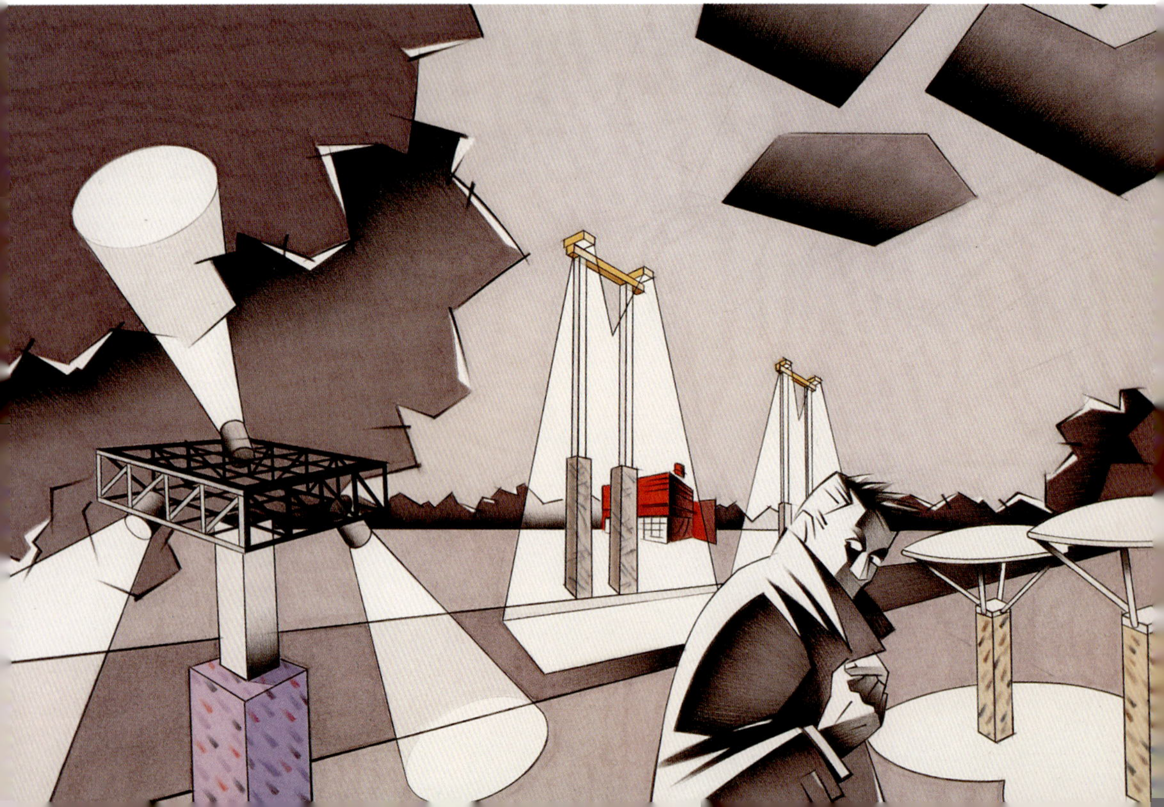

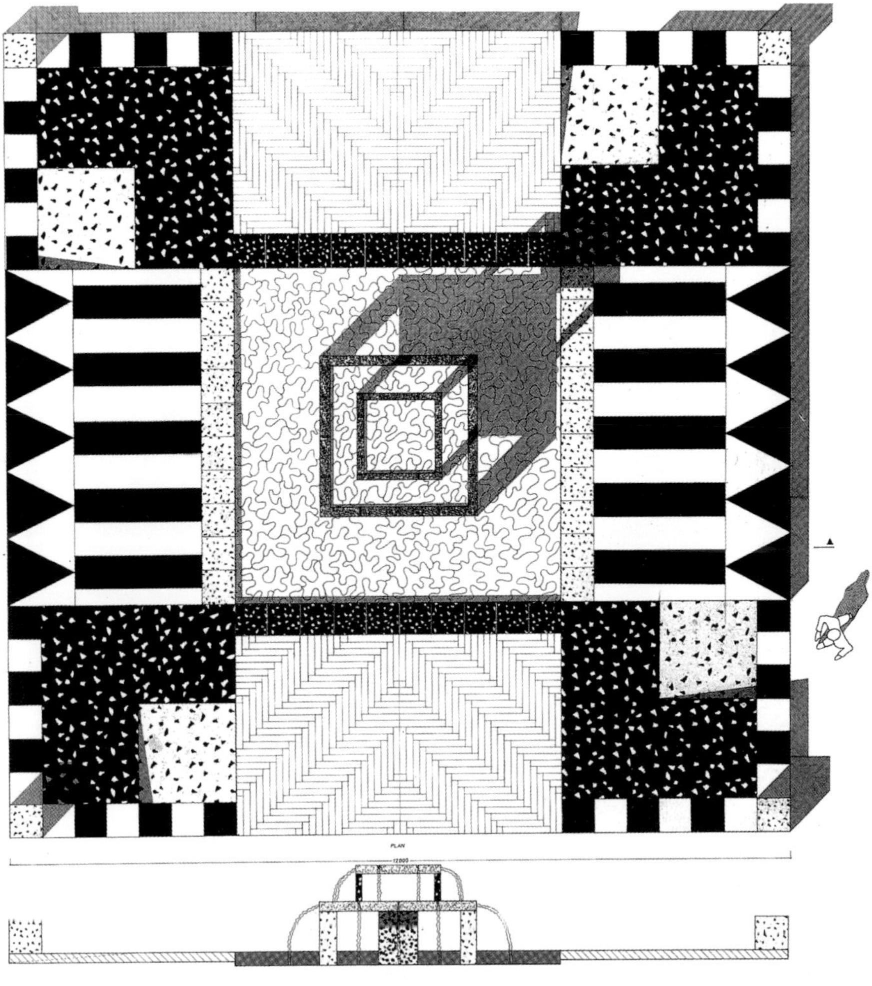

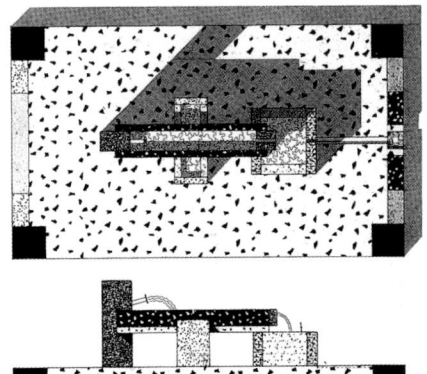

"可塑体的思考"（Pensieri di Plastica）
展览作品
1985～1986 年
设计者：埃托·索特萨斯，马可·扎尼尼
工程建筑师：基多·博雷利

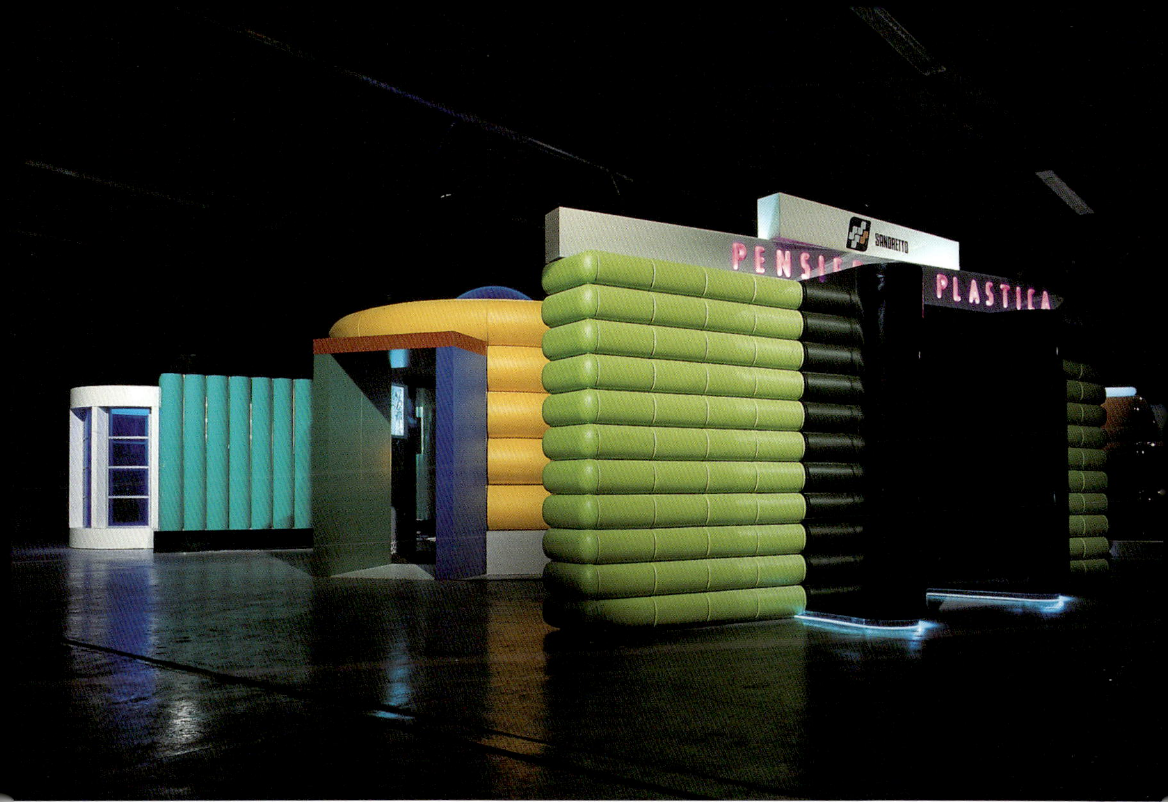
SANDRETTO
PLASTICA

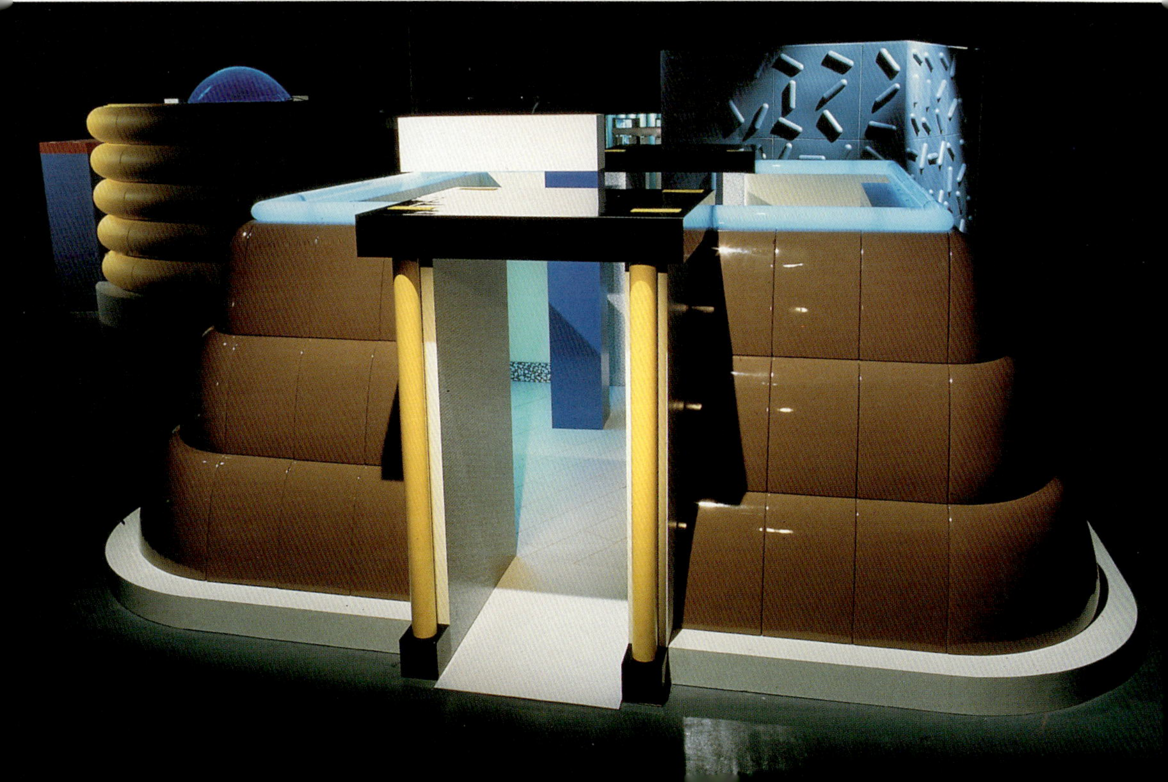

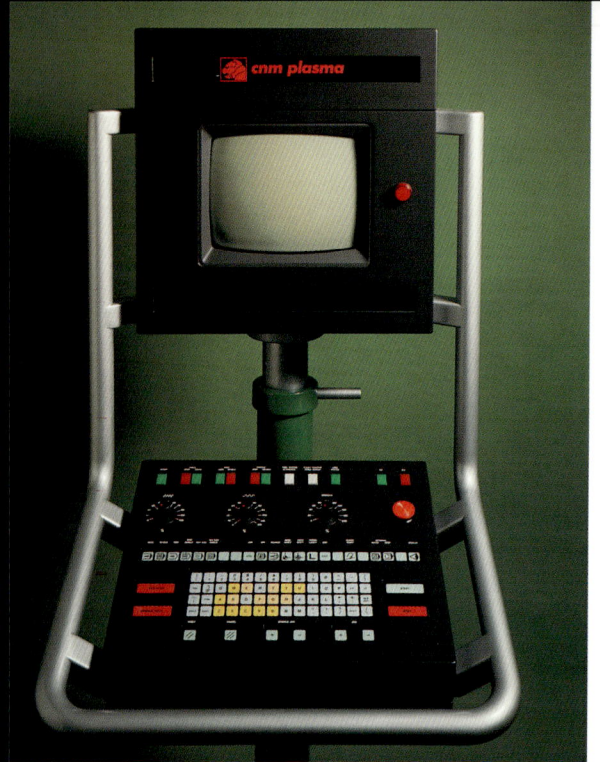

曼德里公司网络媒体（CNM）
等离子控制面板设计
1981 年

设计者：埃托·索特萨斯，马特·桑

    网络媒体（CNM）等离子是一种有标准组件的、数字化的、用于机器工具的微处理器操作系统。这个设计（如左图）的重点放在界面上的操作要素，来简化操作者与机器工具之间的关系。视觉信息在上部被组织在一起，有一个垂直的阅读系统，包括一个 12 英寸的显示器和一系列显示机器状态的指示灯。键盘根据功能逻辑划分区域，因不同的颜色而容易辨识。

曼德里公司类星体机器工具设计
1981 年

设计者：埃托·索特萨斯，马特·桑

    这个工具是一个不断流动的机器中心（如左图及右图）。这个设计无论是从外部体量还是内部组织来说，都与传统机器工具的外观不同。作为一个概念，类星体是新一代"友好机器"的一部分，它比它的祖先更安全，具有熟悉的外观，更像是一件家具。这个设计将机器重新思考，将它看作灵活生产系统的"标准组件"，这样可以将它用于不同的工作组而完成多种生产需要。

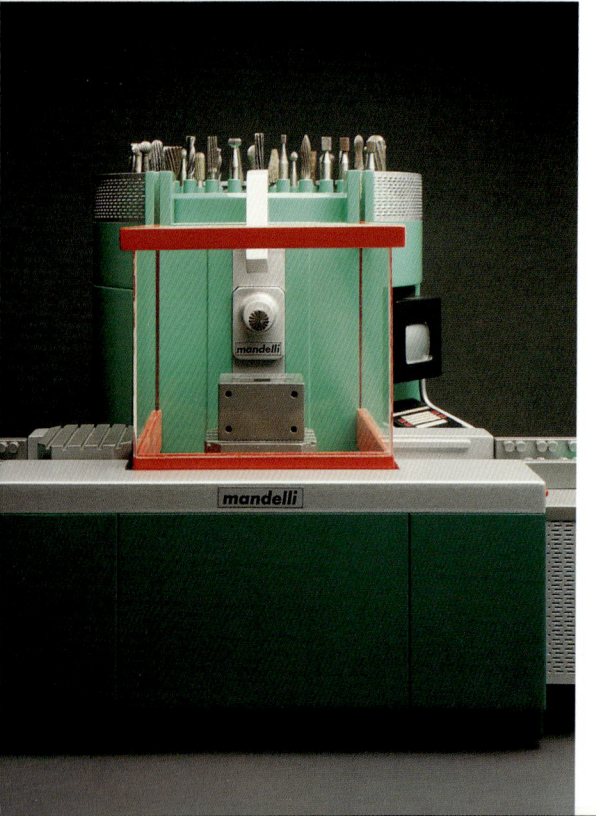

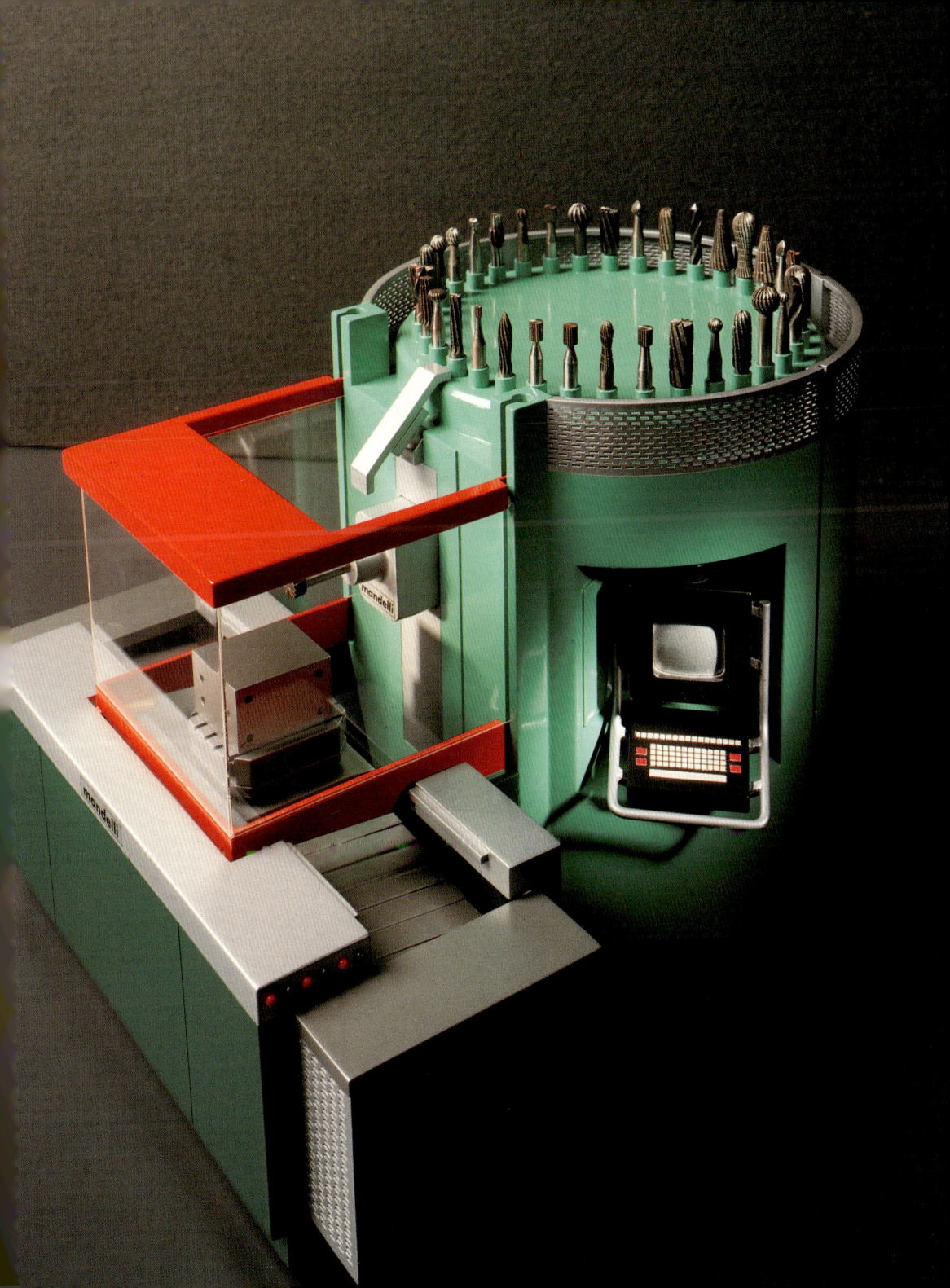

布朗威格公司电视机设计

1980~1986 年

设计者：埃托·索特萨斯, 马特·桑, 马可·苏撒尼(Marco Susani)

和布朗威格公司的合作始于 1980 年的项目，有 4 个产品设计，其中一个是限制发行的版本。

威拉公司电吹风引擎罩设计

1981 年

设计者：埃托·索特萨斯，马特·桑

合作者：西奥·冈萨（Theo Gonser）

追踪机器人

1982 ~ 1983 年

设计者：埃托·索特萨斯，马特·桑

合作者：尼古拉·尼古拉艾迪斯(Nicola Nicolaidis)，斯蒂芬

　　　诺·吉奥瓦诺尼(Stefano Giovannoni)

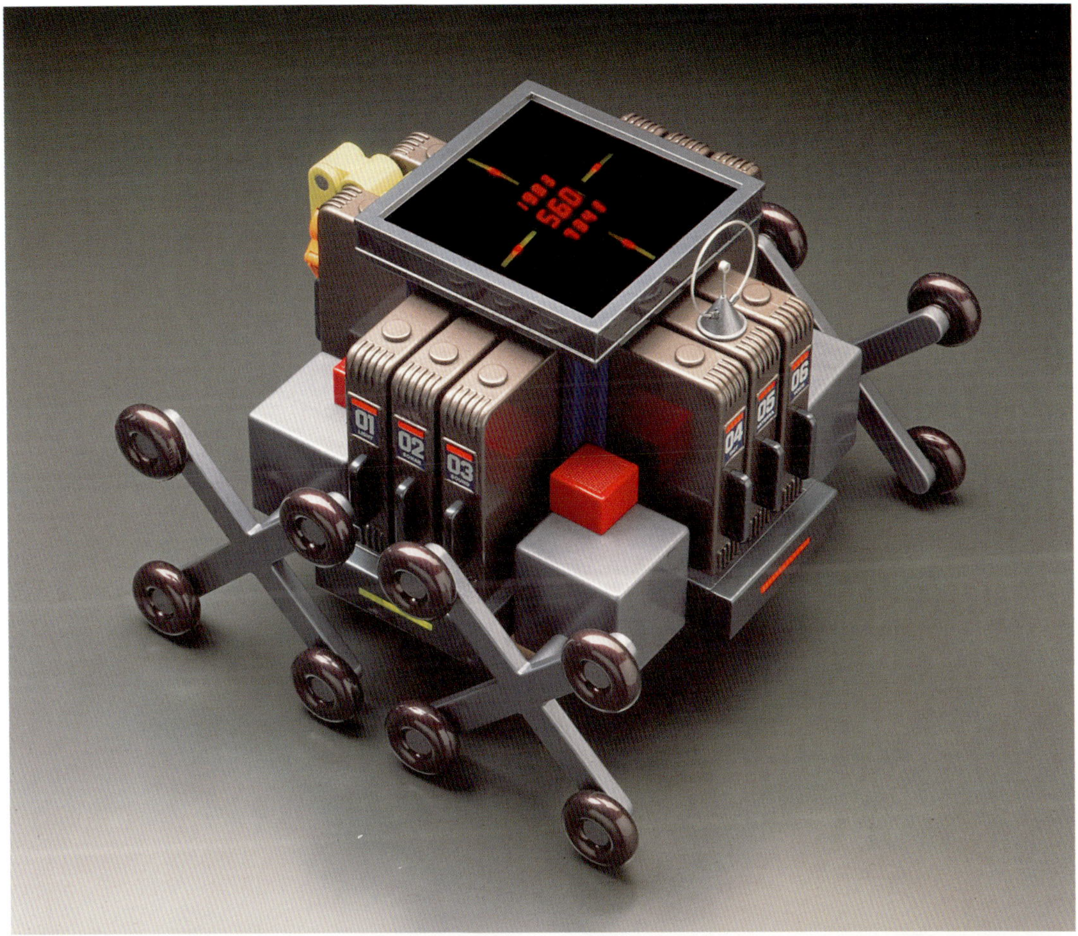
01
02
03
04
05
06

04
05
06

04
05
06

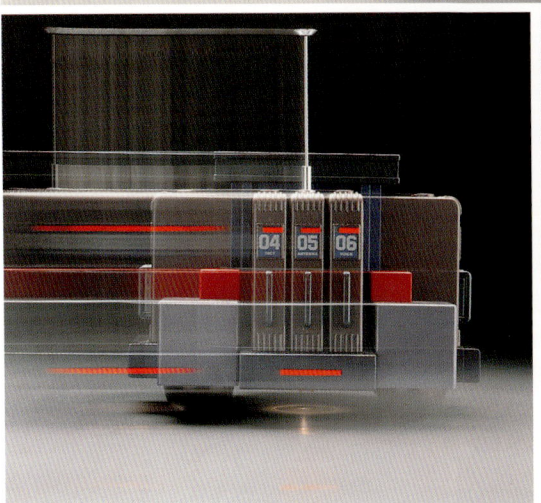

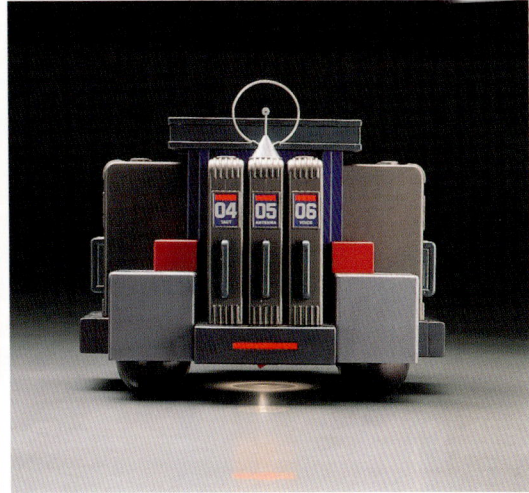

1986 ~ 1992年

1985 年，索特萨斯作为具有超凡魅力的"新设计"的领袖，已获得了世界范围的赞誉，这时他离开了孟菲斯，并宣布他的兴趣将大部分集中于建筑。同年，事务所中加入了乔安娜·格莱文德、迈克·赖安，这两名建筑师从圣地亚哥来，他们曾在佛罗伦萨的一个基金会工作过一年。

马特·桑一年前离开了索特萨斯事务所，而 1989 年阿尔多·西比克也离开了，公司转向不同的方向。资深的合伙人索特萨斯、扎尼尼中加入了格莱文德和赖安，他们帮助领导建筑部，而马可·苏撒尼开始在多马斯设计学院（Domus Academy）任教，后来他成为那里设计系的系主任。同年，马里奥·米利吉亚（Mario Milizia）进入公司，1994 年成为全职合伙人及图形设计部主任。苏撒尼离开后，詹姆斯·埃尔文（James Irvine）接替了他，成为合伙人及设计部主任。在这个位置上，1999 年克里斯托弗·雷德费恩（Christopher Redfern）又成为新的合伙人及设计部主任。

其间，这个团体新的结构和目标逐渐超越了孟菲斯，因为公司独特的语汇定义了自身。20 世纪 80 年代的后半段向建筑开放，以及索特萨斯及其事务所在这个领域所表现出的日益增长的兴趣，使事务所在意大利以外的区域也建立了声望。1985 年克雷格·米勒（Craig Miller），也就是那时纽约大都会艺术博物馆设计部的部长，建议他的收藏家朋友丹尼尔·沃尔夫（Daniel Wolf）请索特萨斯在科罗拉多高原为他设计一座大型的别墅。这个项目由索特萨斯和格莱文德主持，是第一次将在孟菲斯以及后来的埃斯普利特的经验中形成的语言创新应用于建筑。

回想一下，沃尔夫住宅体现了许多的建筑理念和主题，这些都在接下来的作品中变得更加清晰与周详：最大可能地关注环境，室外及花园的每个细节都和室内一样被精心研究过；关注材料及表面的结束部分；最主要的是，关注色彩的"应用"。换句话来说，方案不再强调抽象的材料带来的光与影，也不再强调作为空间与表面设计特征的景观变化。这个将建筑作为"场所"而不是纪念碑的理念，成为公司未来设计的关键点。

沃尔夫住宅后很快又有了其他项目：一个也是在科罗拉多的度假村；奥勒比纳戈（Olabuenaga）住宅在夏威夷的毛伊岛，方案阶段持续了很长时间，但最近建成了；吉隆坡一个旧集市区的改造；杜塞尔多夫

MK3 多功能大楼；福冈的"双穹顶城市"；在佛罗伦萨与比萨之间，托斯卡纳市郊的赛（Cei）住宅。在阿普利亚区的毕斯乔夫博格住宅是一个很好的设计，不幸没有实现，后来遭到"取代"，在苏黎世城外的山坡上建造了另一座毕斯乔夫博格住宅。

公司的建筑设计同时还伴随着室内设计，例如米兰市中心的艾烈希（Alessi）商店和福冈的子比宝（Zibibbo）酒吧，而在 1989 年左右与卒姆托贝尔（Zumtobel）的长期合作开始了。图形设计部也成立了，直到 1987 年一直在克里斯托弗·雷多的领导下工作。他重要的作品除了所有艾烈希的图形设计和《好利获得综合目录》外，还有水磨石（Terrazzo）杂志的设计与编排。

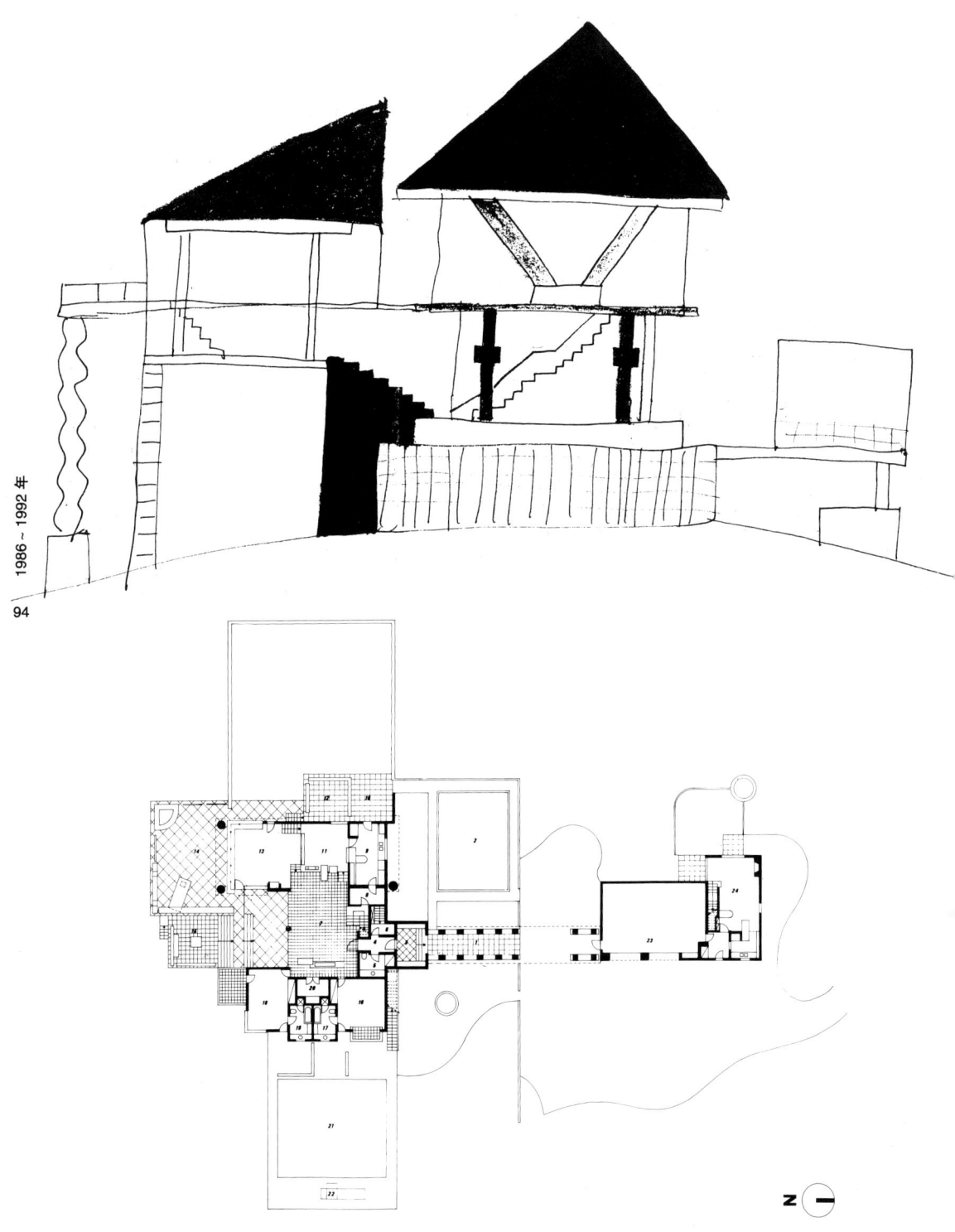

作品

沃尔夫住宅

里德格韦（Ridgway），科罗拉多州

1987～1989 年

设计者：埃托·索特萨斯

工程建筑师：乔安娜·格莱文德

当地建筑师：迈克尔·巴伯（Michael Barber）建筑事务所

　　沃尔夫住宅是一个 600m² 的住宅，有分离的客人住所。这个项目包括建筑、室内及花园的设计。主要的房屋是水平组织的，由中庭联系两翼并导向不同的房间。东侧的一翼包括客人的房间，在二楼是一个带卫生间及衣帽间的卧室。西侧的一翼有第二起居室、餐厅、厨房，上面一层是一个大的带图书室的工作间和杂物间。

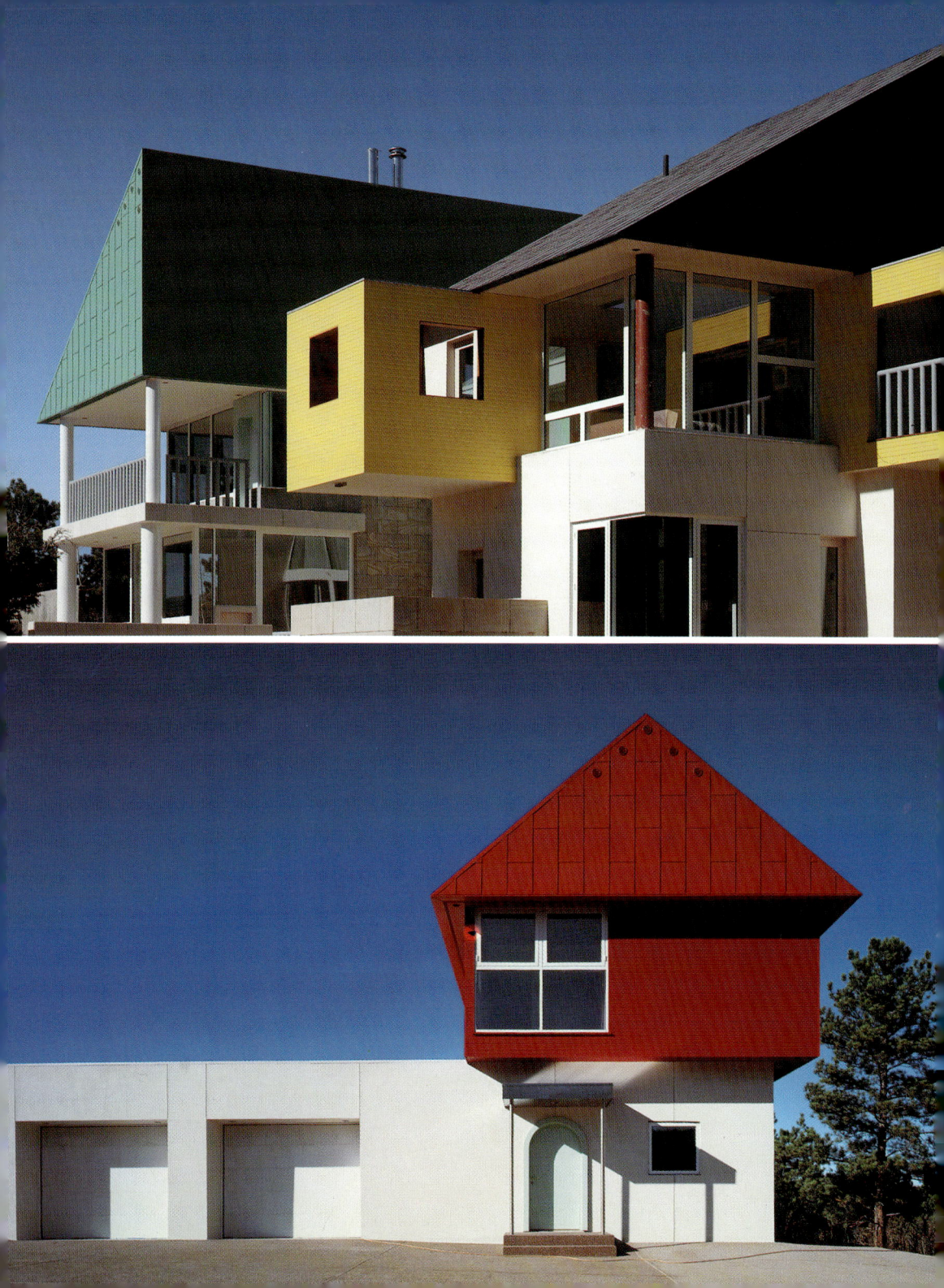

马勒（Müller）住宅设计
苏黎世，瑞士，1988 年
设计者：埃托·索特萨斯，乔安娜·格莱文德
合作者：迈克尔·阿玛尼（Michael Armani）

这个设计主要是一个 600m² 的独立家庭住宅，坐落在离苏黎世中心距离较近的一个绿色、平和的山区里。住宅的规划，和一个小村庄的规划一样，围绕一个中心区域即厨房进行组织。邻近的空间与它们不同的功能和谐共处：两层高的起居室有覆着石片的传统屋顶，两个卧室、儿童房和书房组成一个单元，书房向起居室敞开，最后还有一个游戏室。在底层还有车库及服务设施。

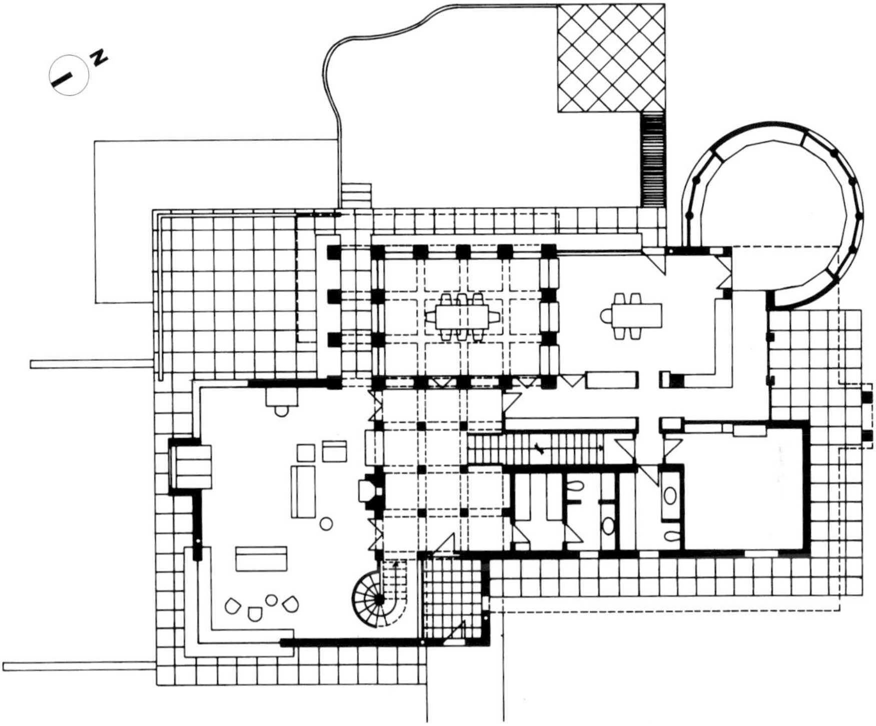

原木山台地（Log Hill Mesa）村镇设计
科罗拉多州，1989 年

设计者：埃托·索特萨斯，乔安娜·格莱文德

　　这个工程是一个由 10 栋房子组成的低造价

度假村，每栋 80～100m²。不同的房子沿主要的街道连接起来，退后道路，由墙遮蔽。每一栋房子都有自己的院子、露台和花园，而后面一侧的视野，不仅向山谷而且向台地森林敞开。

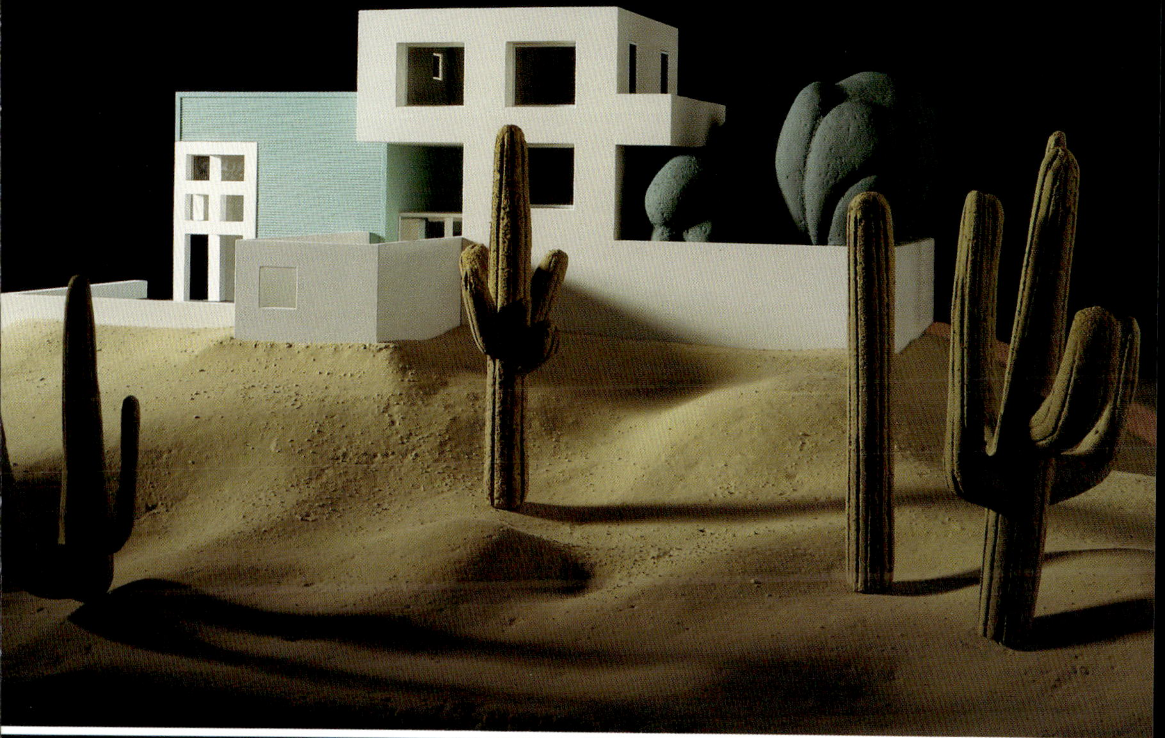

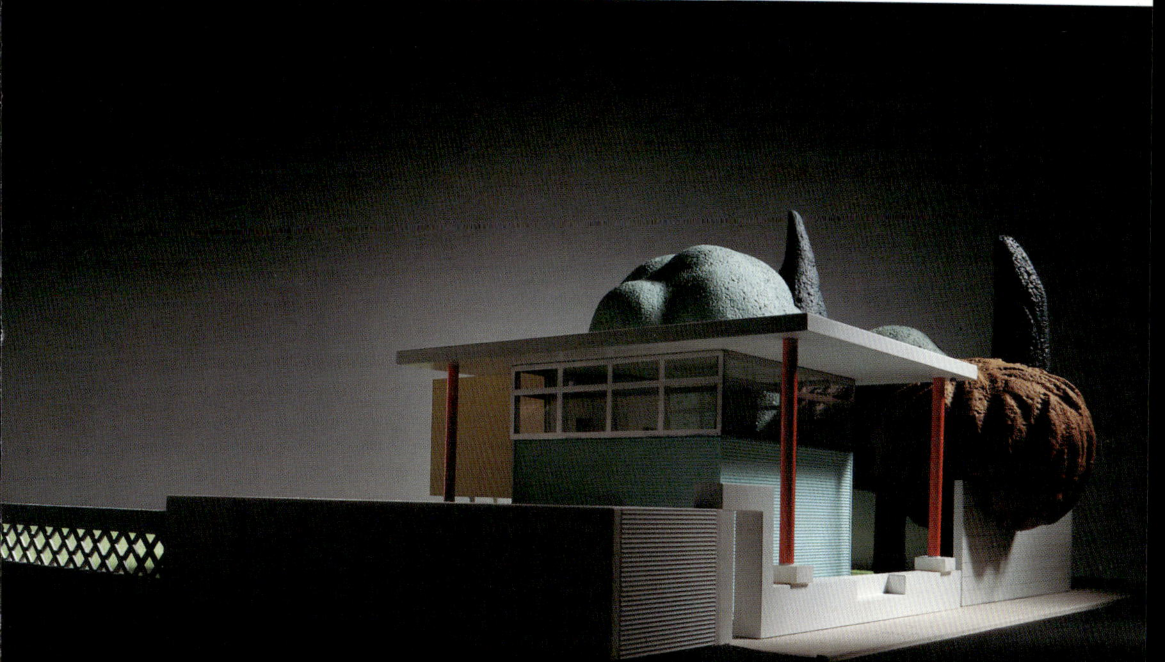

毕斯乔夫博格住宅设计

阿普利亚区，意大利，1988～1989 年

设计者：埃托·索特萨斯，乔安娜·格莱文德

这个设计是一个 1000m^2 的大住宅，将建于阿普利亚区一片能俯瞰大海的基地上。业主是艺术收藏家，需要一个很大的中央空间来展示大型的绘画、雕塑及收藏品。

设计围绕这个中央空间，相邻或在其上布置不同的房间，以不同的方法与主要房间联系；向外发展形成露台、门廊、院子和花园。

第二个理念也是基于相同的想法，性格特征延续外部的表面及建造，与古时当地的建筑风格相一致，完全用特拉尼（Trani）石材。

MK3 大楼设计

杜塞尔多夫，德国，1989 年

设计者：埃托·索特萨斯，马可·扎尼尼，乔安娜·格莱文德

合作者：保罗·德·鲁西，罗伯特·普拉斯特瑞（Roberto Pollastri），铃木肯（Ken Suzuki）

这个设计是一幢 26000m² 的大楼，坐落于莱茵河畔。该综合体围绕向河敞开的广场组织。建筑主要的概念结构是围绕一种桌子的回忆，在其上下安排了居住区域的体量。一层有商店、餐厅、一间戏院和一间电影院；中间层有广告代理商的办公室、租赁的办公空间、一间艺术画廊和一个摄影师工作室。顶层坐落于"桌子表面"，包括一系列小的、轻的、灵活的结构，是职业工作室和办公室，它们的布置方式就像一个有广场、公园及露台的村庄。

N

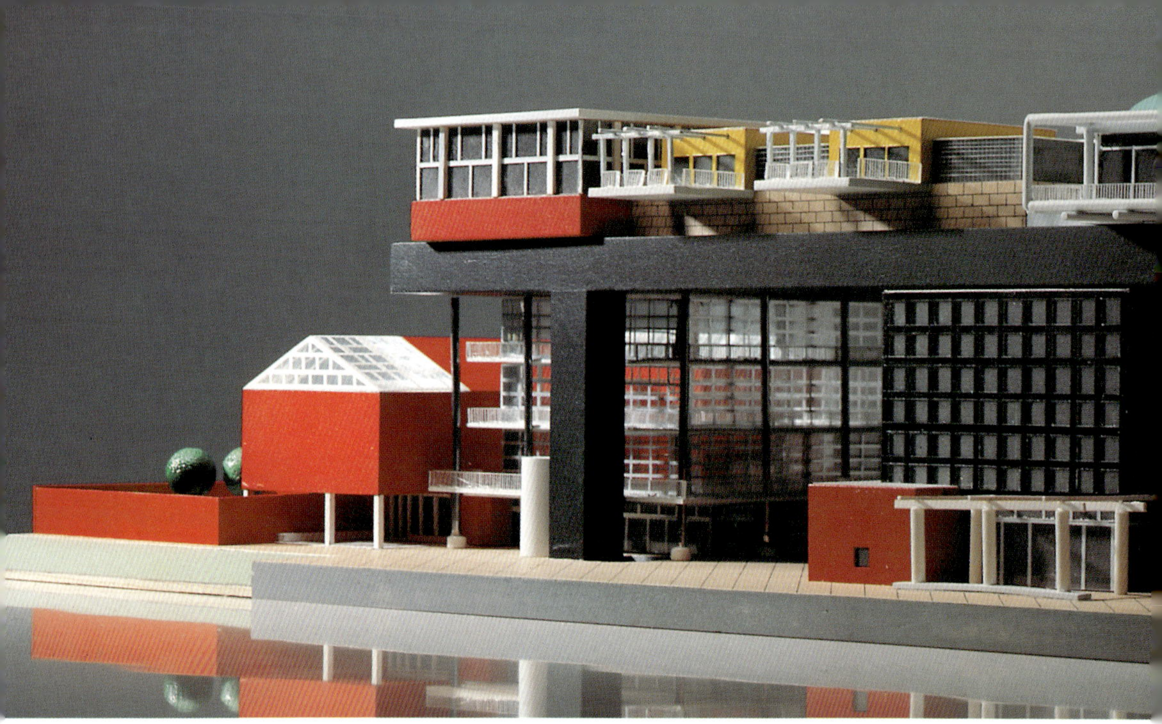
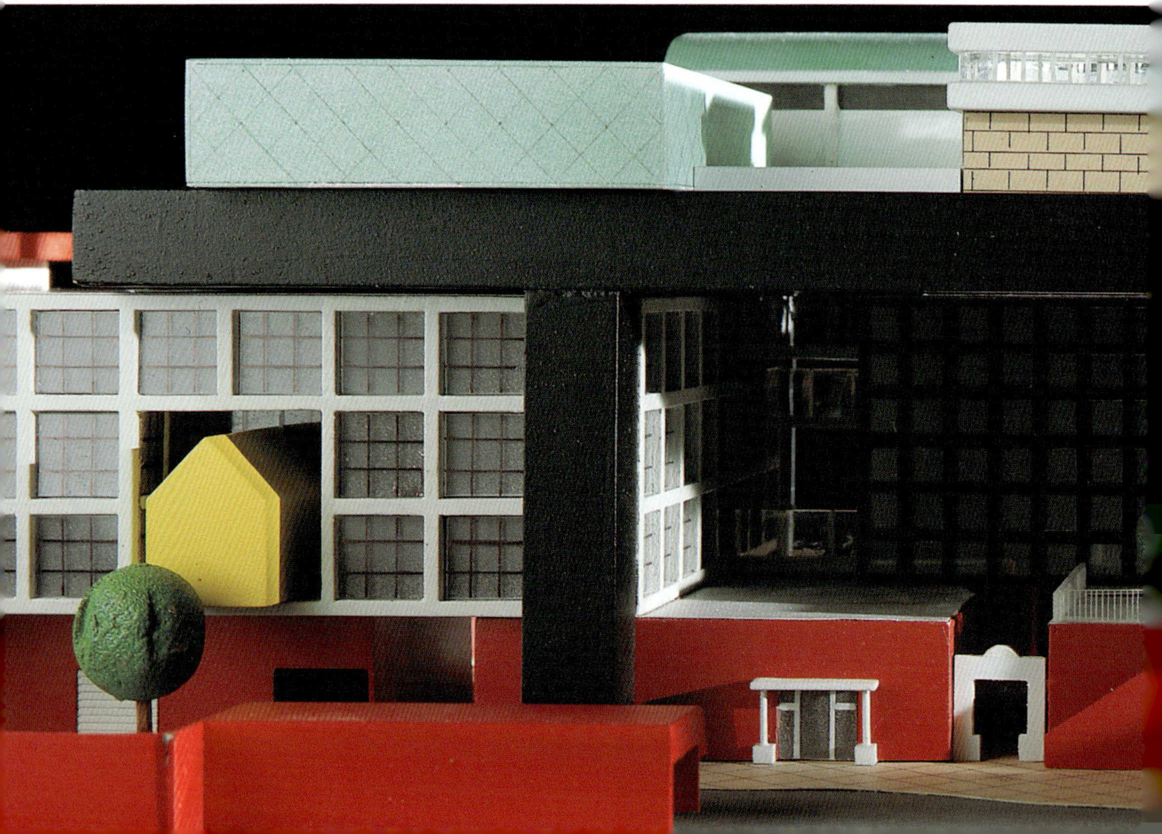

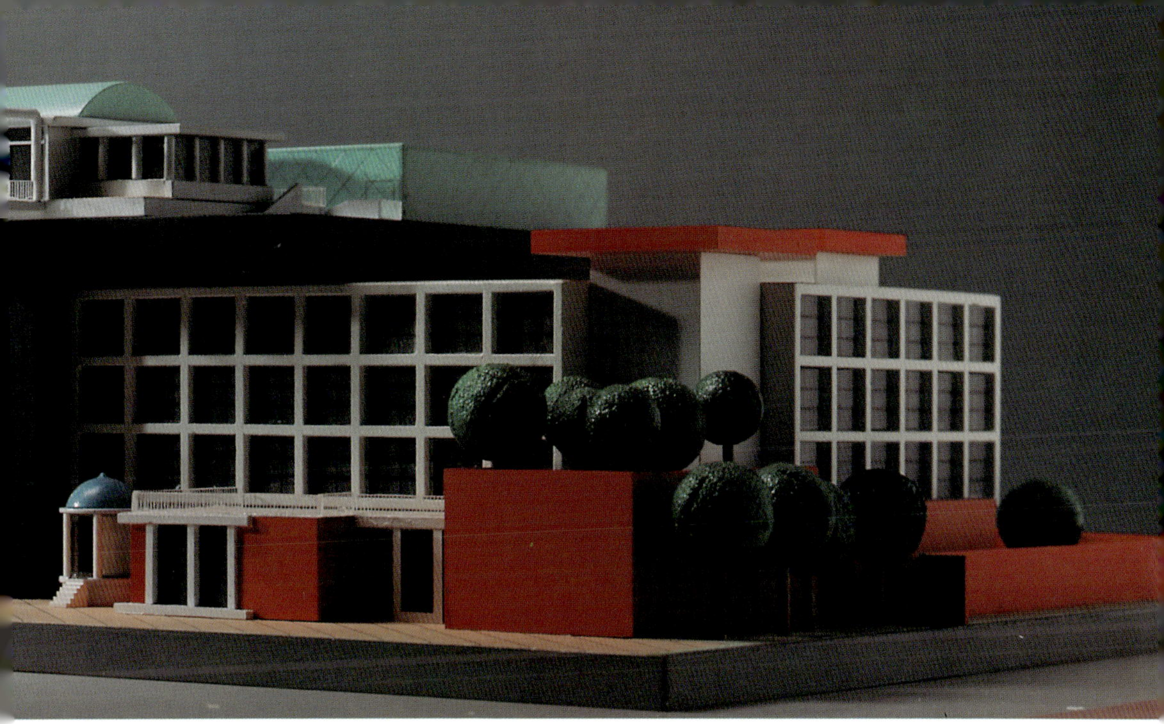

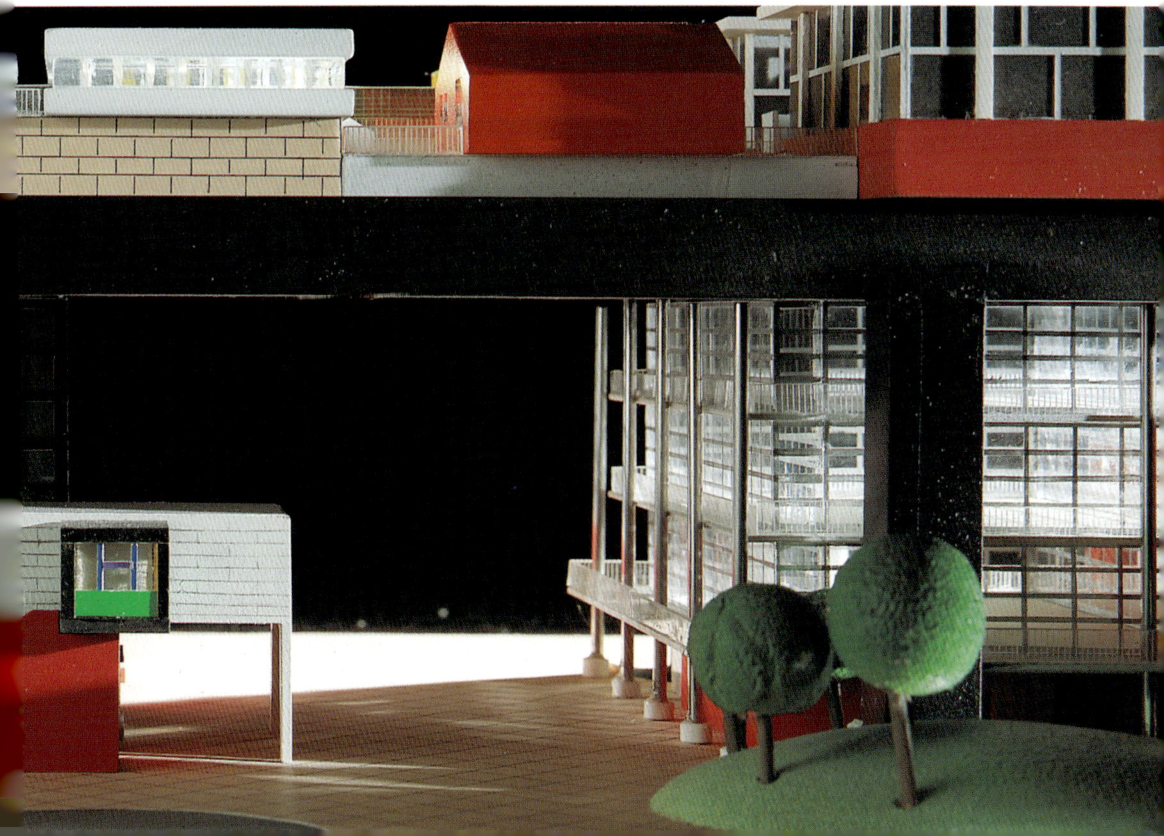

奥勒比纳戈住宅
毛伊岛，夏威夷，1989～1997 年
设计者：埃托·索特萨斯
工程建筑师：乔安娜·格莱文德

这个 250㎡ 的私人住宅坐落在一座能看到大海的山上。它的结构是一系列独立的块，放在一个大的黑色"桌子"下面、周围和上面。内部空间在不同的标高上与外部空间保持联系，创造了连续的通廊，通向俯瞰海的大木质平台。

右1986 ~ 1992 年

1986 ~ 1992 年

113

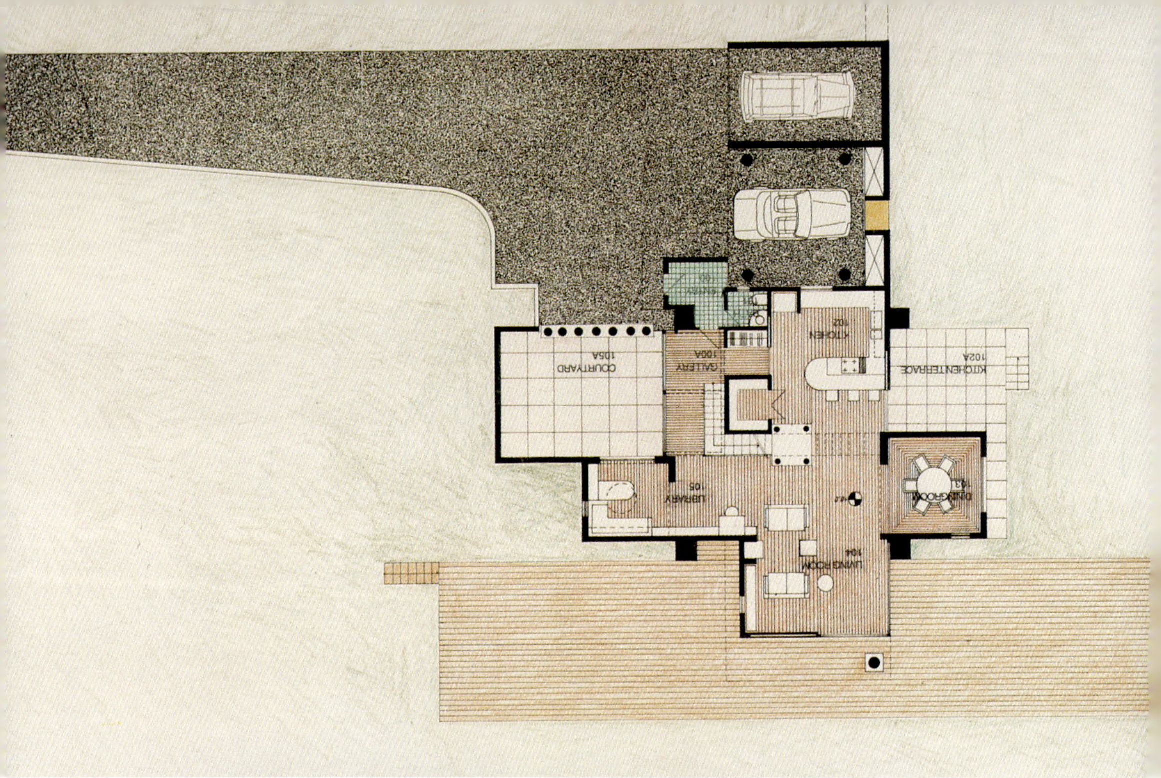
COURTYARD
105A
GALLERY
100A
KITCHEN
102
KITCHEN TERRACE
102A
LIBRARY
105
LIVING ROOM
104
DINING ROOM
103

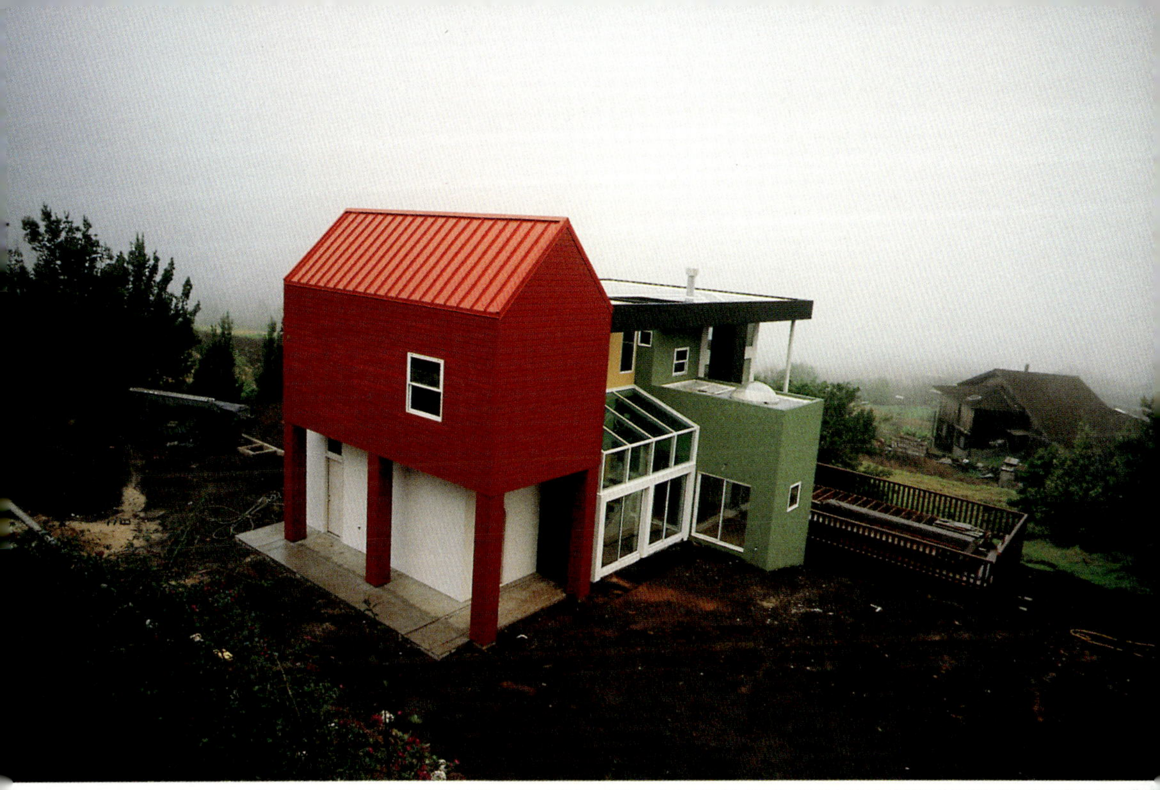

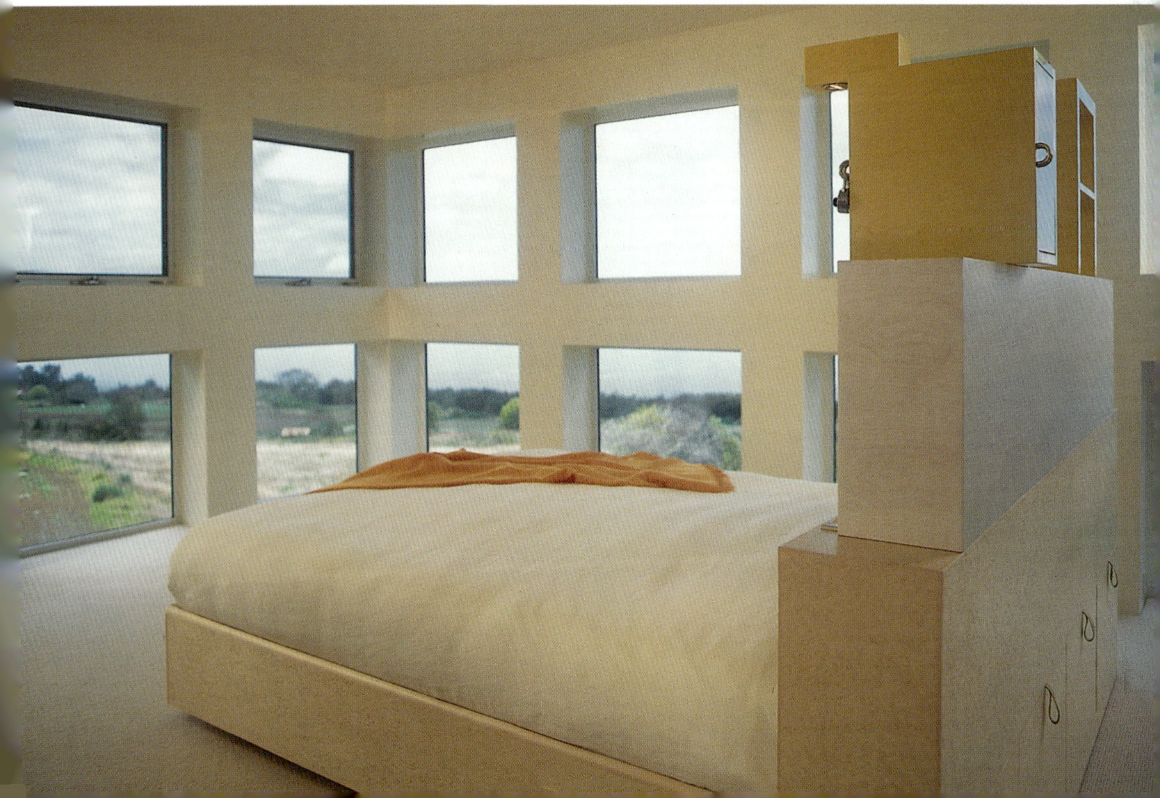

多功能综合“中心庭院”设计

吉隆坡，马来西亚，1992年

设计者：埃托·索特萨斯，乔安娜·格莱文德

这个包含商店、酒吧、餐馆、办公和70间客房的酒店购物中心坐落于吉隆坡一个古老的工人阶级区，位于小河与历史悠久的中国市场之间。这个购物中心的设计像一个村庄——带有平台与走道的、自我包含的小型结构组，围绕着一个屋顶采光的大广场。

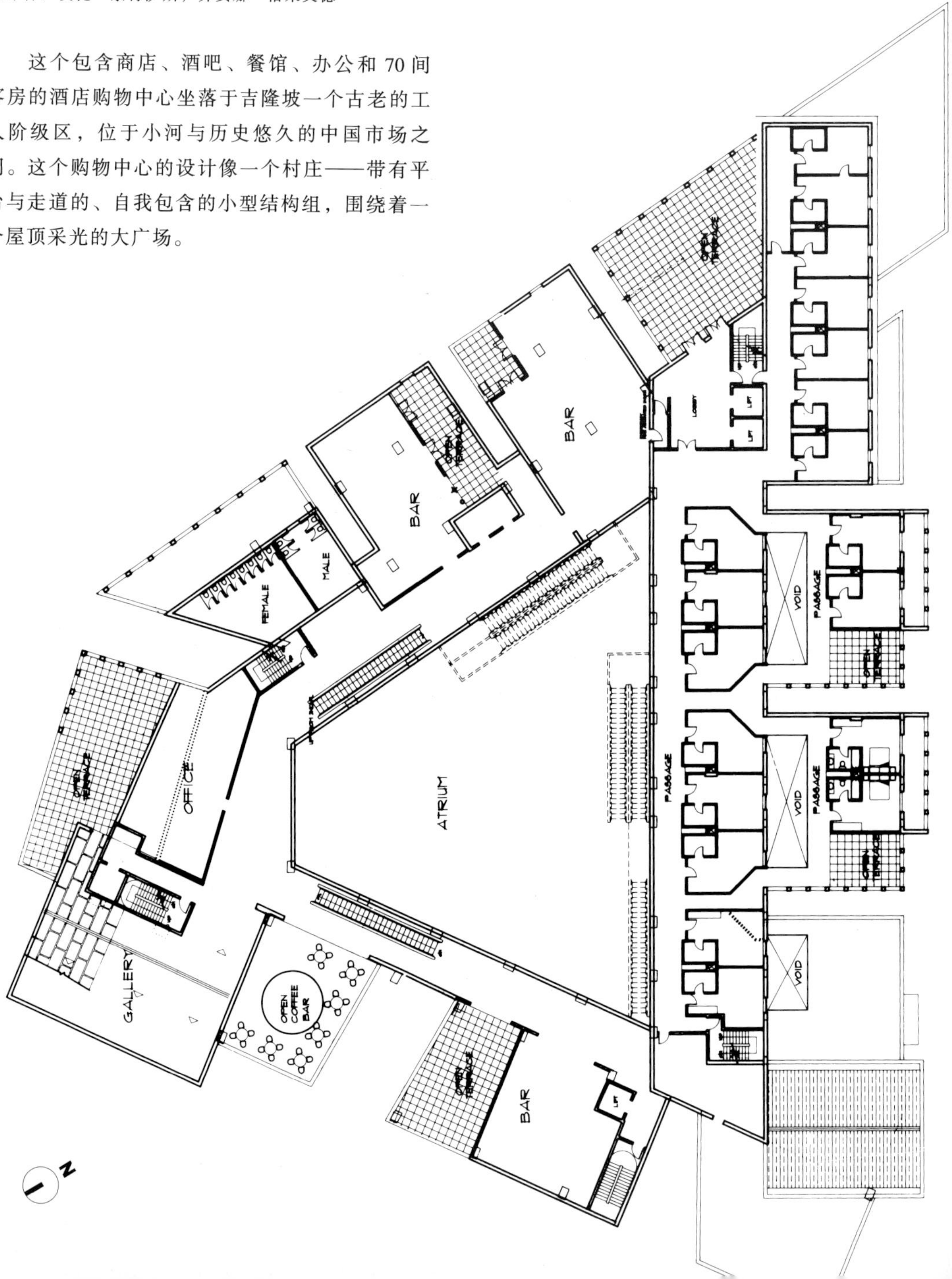
OPEN TERRACE
BAR
BAR
LOBBY
FEMALE
MALE
OFFICE
ATRIUM
PASSAGE
VOID
PASSAGE
VOID
PASSAGE
VOID
GALLERY
OPEN COFFEE BAR
BAR
N

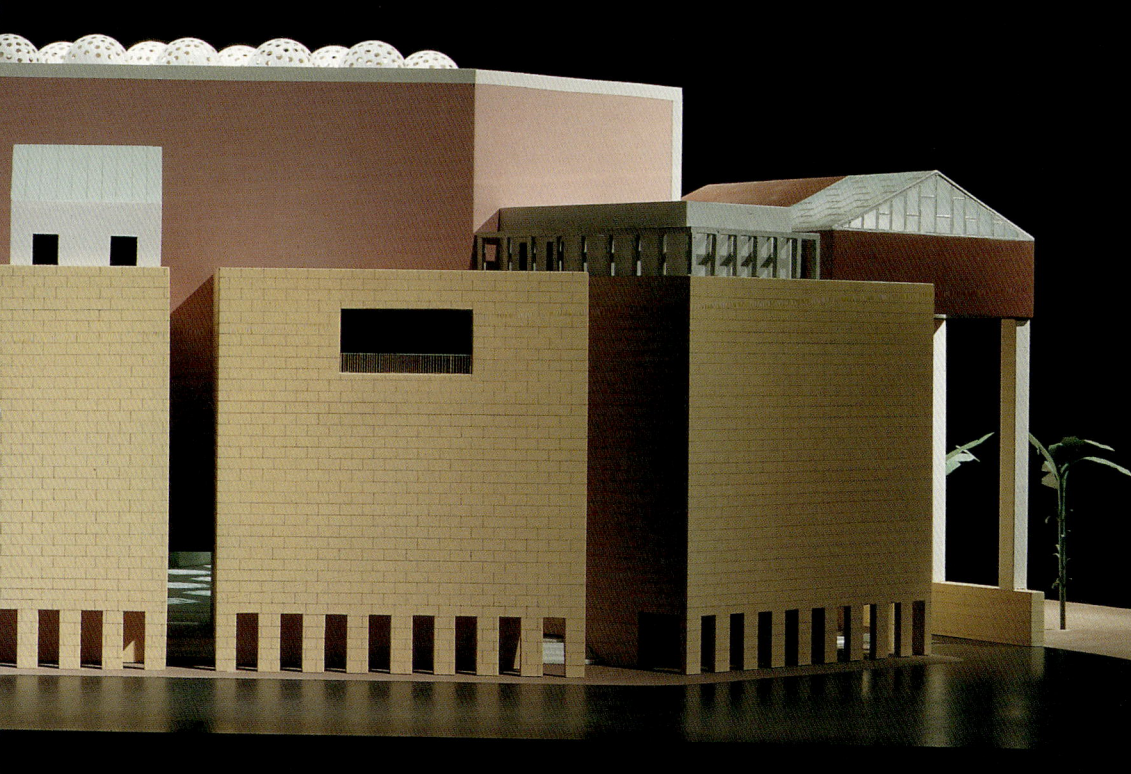

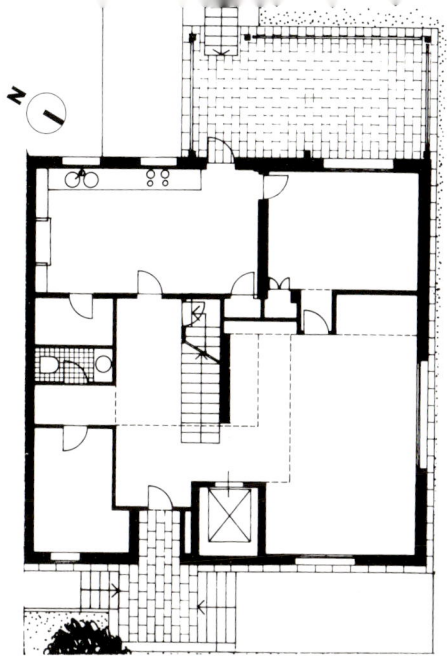

赛住宅

恩波利，意大利，1991～1993年

设计者：埃托·索特萨斯，马可·扎尼尼，迈克·赖安

合作者：米欧可·卡波尼（Milco Carboni），蒂姆·帕沃
　　　　（Tim Power）

当地建筑师：马耶斯特雷利(Maestrelli)事务所

　　这个450m²的私人住宅位于佛罗伦萨与比萨之间的托斯卡纳市郊。建筑是一个单独的两层高的体量，墙面是伊斯的利亚石材，鞍型红色铝屋面。一层用于日常活动，有一个大而高的起居室和一个宽敞的厨房。第二层有3间卧室，每个都有自己的卫生间；而在阁楼里的客人房间，连着一个大的平台。自然与漫射的光线从建筑和抬升的屋顶之间的连续天窗进入住宅。

"双穹顶城市"多功能综合体设计
福冈，日本，1991 年

设计者：埃托·索特萨斯，马可·扎尼尼，乔安娜·格莱文德
合作者：乔治·斯科特（George Scott），保罗·德·鲁西

一部分是城市规划，一部分是设计，这个项目包括一个教育科学娱乐中心、一个体育中心和一个 1000 个房间的酒店。这个设计通过并置大尺度与较近人尺度的水平限定、花园空间和柱廊，在公共纪念性领域与游人尺度之间建立了联系。基本的理念是创造一个 10m 高的平台，覆盖 90% 的建筑区域，其上坐落着 3 个主要的结构：体育中心的穹顶、娱乐中心的穹顶和酒店。平台下面的空间用于停车、入口和服务。平台上部是步行区，有远离交通的广场与花园。

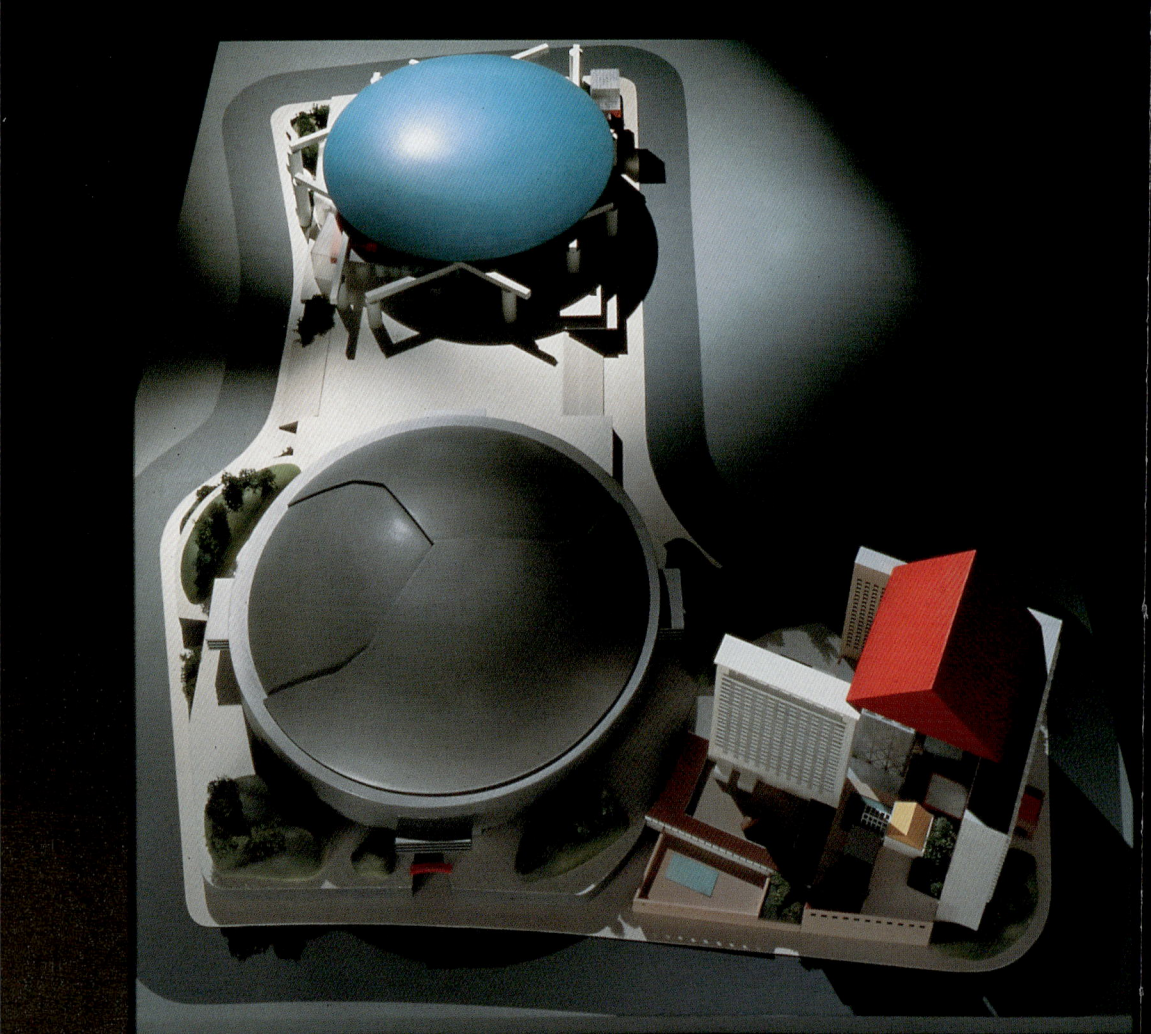

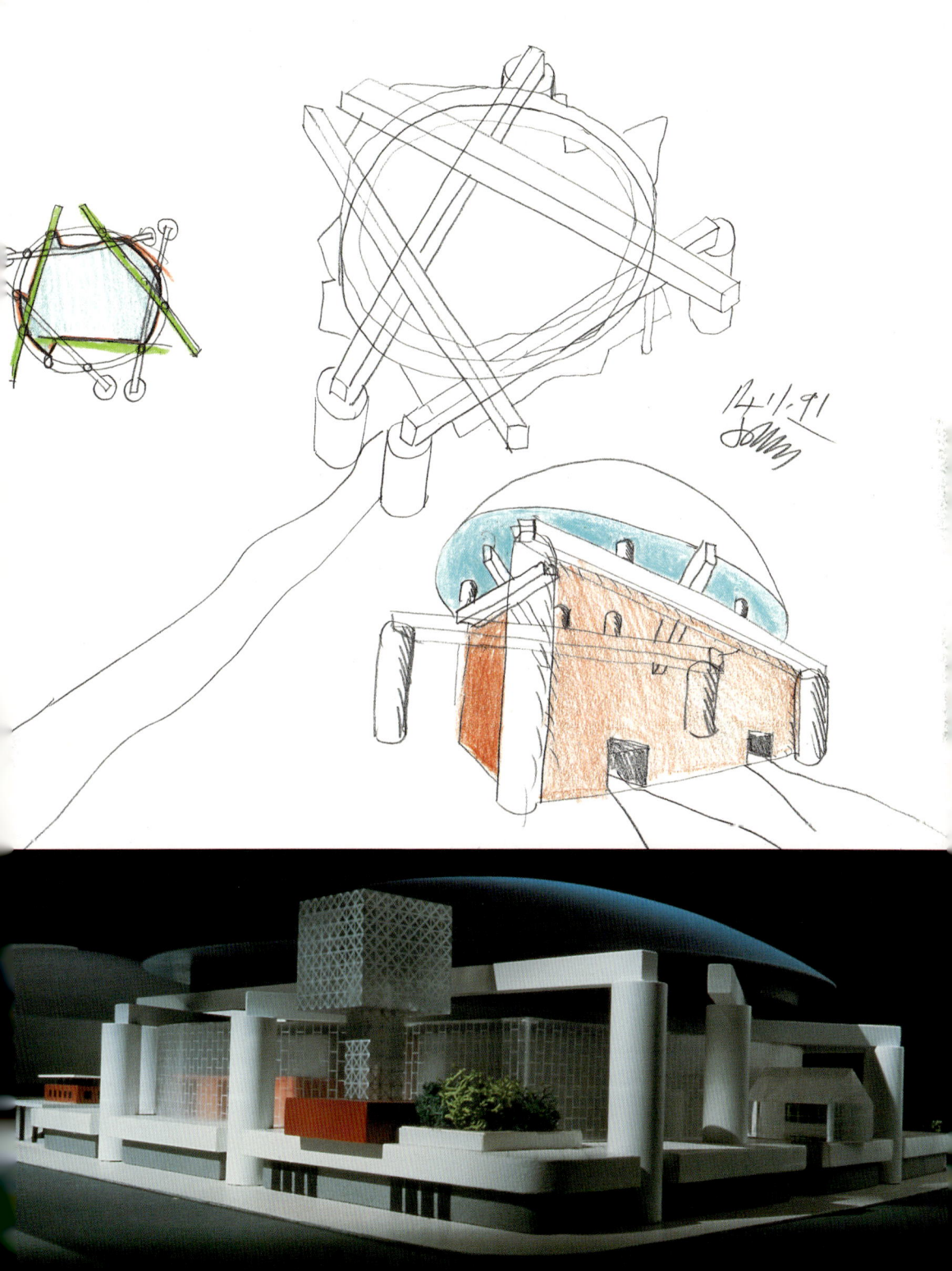

14·11·91

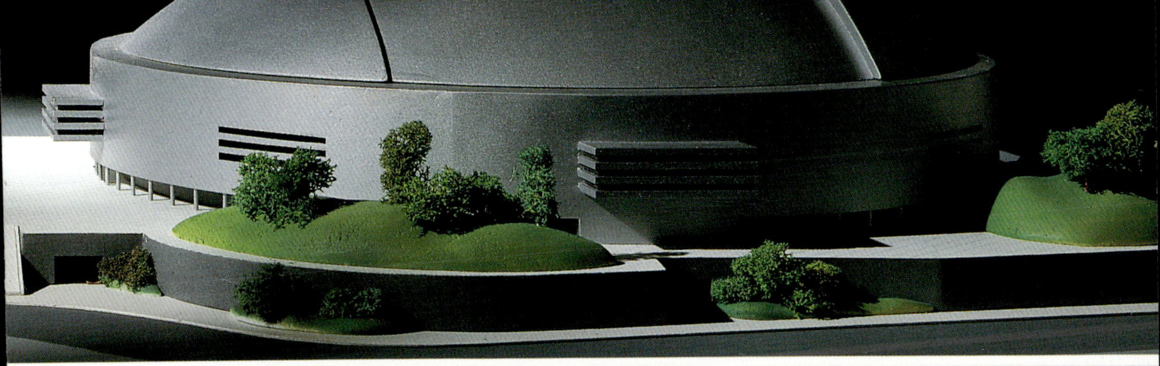
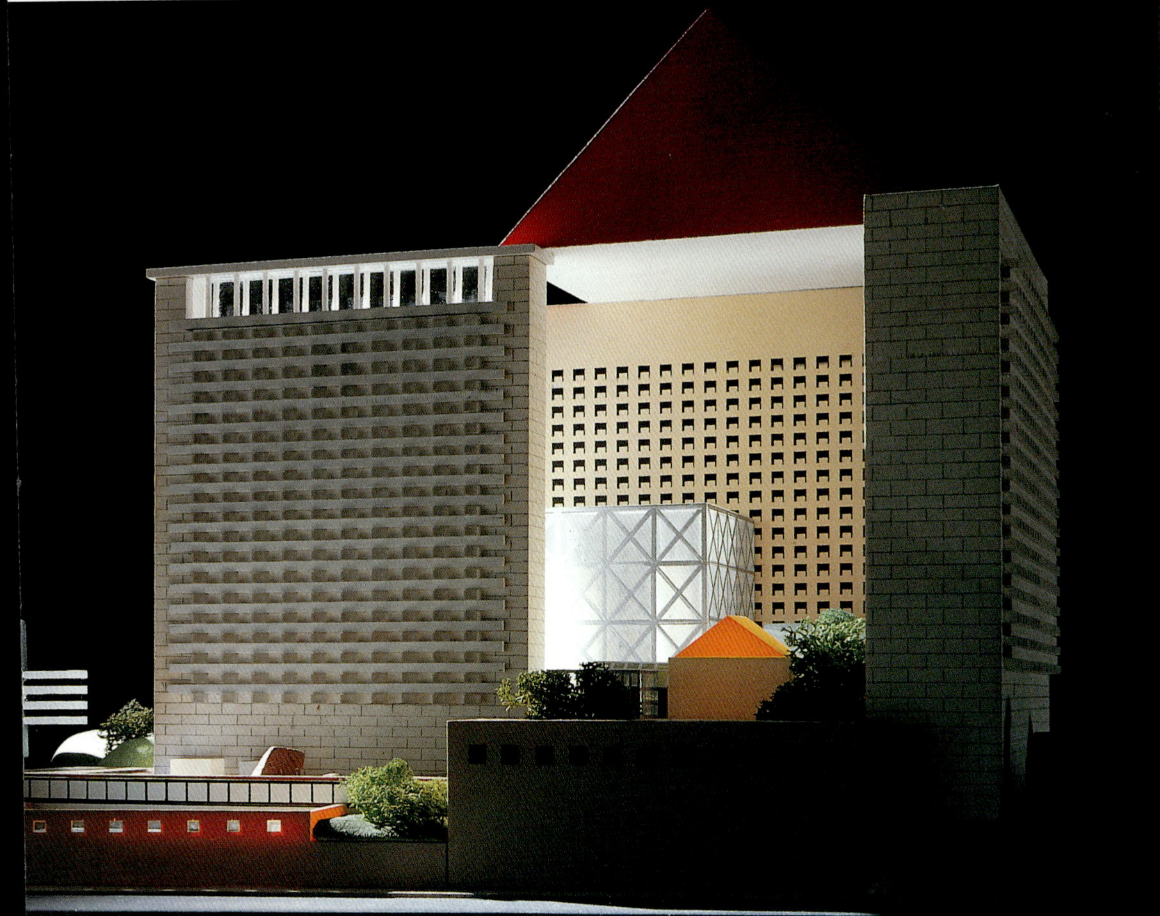

尔格(Erg)石油公司外观设计

1988～1990 年

设计者：埃托·索特萨斯，马可·扎尼尼

合作者：纳塔利·基恩（Nathalie Jean），吉安路易吉·穆
　　　　蒂（Gianluigi Mutti），蒂姆·帕沃

图形设计：马里奥·米利吉亚，道格拉斯·雷卡迪，瑟吉
　　　　欧·梅尼凯利

尔格石油公司委托索特萨斯事务所重新设计他们加油站的外观和商标、标志及制服的图形。与传统的标准组件、预制单元相反，这个设计展示了对于亭子与雨篷的纯熟的建筑设计手法；在规划上将服务站的不同要素围绕司机停靠、休息的小广场布置。

子比宝酒吧
福冈，日本，1989 年
设计者：埃托·索特萨斯，马可·扎尼尼，迈克·赖安

　　子比宝是一种生长于意大利南部的特殊味道的葡萄，也是福冈一个酒吧的名字——这个酒吧是阿尔多·罗西(Aldo Rossi)设计的一个酒店综合体的一部分。酒吧跨越了不同的标高，通过小房间、平台和楼梯在极小的可用空间里创造了丰富的场所：私密空间、开敞空间和交通区域。顶棚在蓝色的背景下装饰着金色的星星，就像广阔的天空。应用了多种材料，从多种组合的彩色碾压石材，到白色大理石，到漆木板，到喷漆金属。主要的色彩有：黄、深蓝、浅蓝和白。

第 48 届威尼斯电影节双年展皇宫电影院入口设计

1991 年

设计者：乔安娜·格莱文德

合作者：保罗·德·鲁西

图形设计：马里奥·米利吉亚

威尼斯皇宫电影院的前广场设计是基于这个活动的标志进行的。一个很大的入口，由 4 个混凝土方墩组成，支撑着一个环绕标志的发光眼睛的格架。最主要的效果，是它成为皇宫电影院前的展示板。前广场运用椅子、柱子、平台和楼梯，设计成一个石头的迷宫。

艾烈希展示厅
米兰，意大利，1987 年
设计者：埃托·索特萨斯，马可·扎尼尼，迈克·赖安

艾列希商店与展示厅位于米兰市中心，占 3 层空间，通过电梯相连。上层为会议与展示用的陈列室、小展厅；中间层有一面很大的橱窗，俯瞰街道；底层用于售货及储藏。这个设计的核心是橱窗，以及两个很大的大理石展示单元。

诺尔(Knoll)家具设计

1986 年

设计者：埃托·索特萨斯，马可·扎尼尼

合作者：杰勒德·泰勒(Gerard Taylor)，乔治·威迪罗(Jorge Vadillo)

伊诺米公司电话设计

1986 年

设计者：埃托·索特萨斯，马可·扎尼尼，马可·苏撒尼

合作者：理查德·艾森曼（Richard Eisermann），拉里·拉
斯基（Larry Larsky）

工程师：大卫·凯利（David Kelley）设计公司

在 20 世纪 80 年代早期，索特萨斯事务所与外部的合作者一起建立了伊诺米公司，其宗旨就是设计、发展、生产与销售高科技的电子产品，这些产品将能表达与传统家用工具和物品相同的丰富修辞与品质。为伊诺米公司设计的产品包括一部电话（在英国和日本销售）、一个计算器、一个收音机和一台电视。

飞利浦(Philips)"光环"灯设计
意大利，1988 年

设计者：埃托·索特萨斯，马可·扎尼尼，马可·苏撒尼
合作者：米歇尔·巴罗（Michele Barro）

"光环"灯是一种家庭的低造价照明系统，旨在广泛占有大众市场。这个系统基于标准化的照明单元，根据不同的照明要求创造不同类型的灯。依据策划，这种照明单元将大批量生产。灯具是用一种耐高温的可塑材料塑造成型的，并与轴承相连，使得光线可以照到很多方位。

澳大利亚卒姆托贝尔灯具设计

1988～1998 年

设计者：埃托·索特萨斯，詹姆斯·埃尔文，马可·苏撒尼

合作者：理查德·艾森曼，里卡尔多·弗尔蒂（Riccardo Forti），弗拉维亚·萨姆瑟恩（Flavia Thumshirn）

和澳大利亚卒姆托贝尔公司 10 年的合作，生产了多个系列的灯具，创造的作品主要用于技术照明。最近的设计，航空灯具，运用了倒角工艺，很好地适应了计算机的工作。

上图：阿托斯（Artos）Ⅲ卤素灯；对页图：ID－S 落地灯

航空吊灯

斯洛斯 (Ciros) 吊灯

波顿（Bodum）小器具设计
丹麦，1988～1989 年
设计者：埃托·索特萨斯，马可·苏撒尼
合作者：理查德·艾森曼

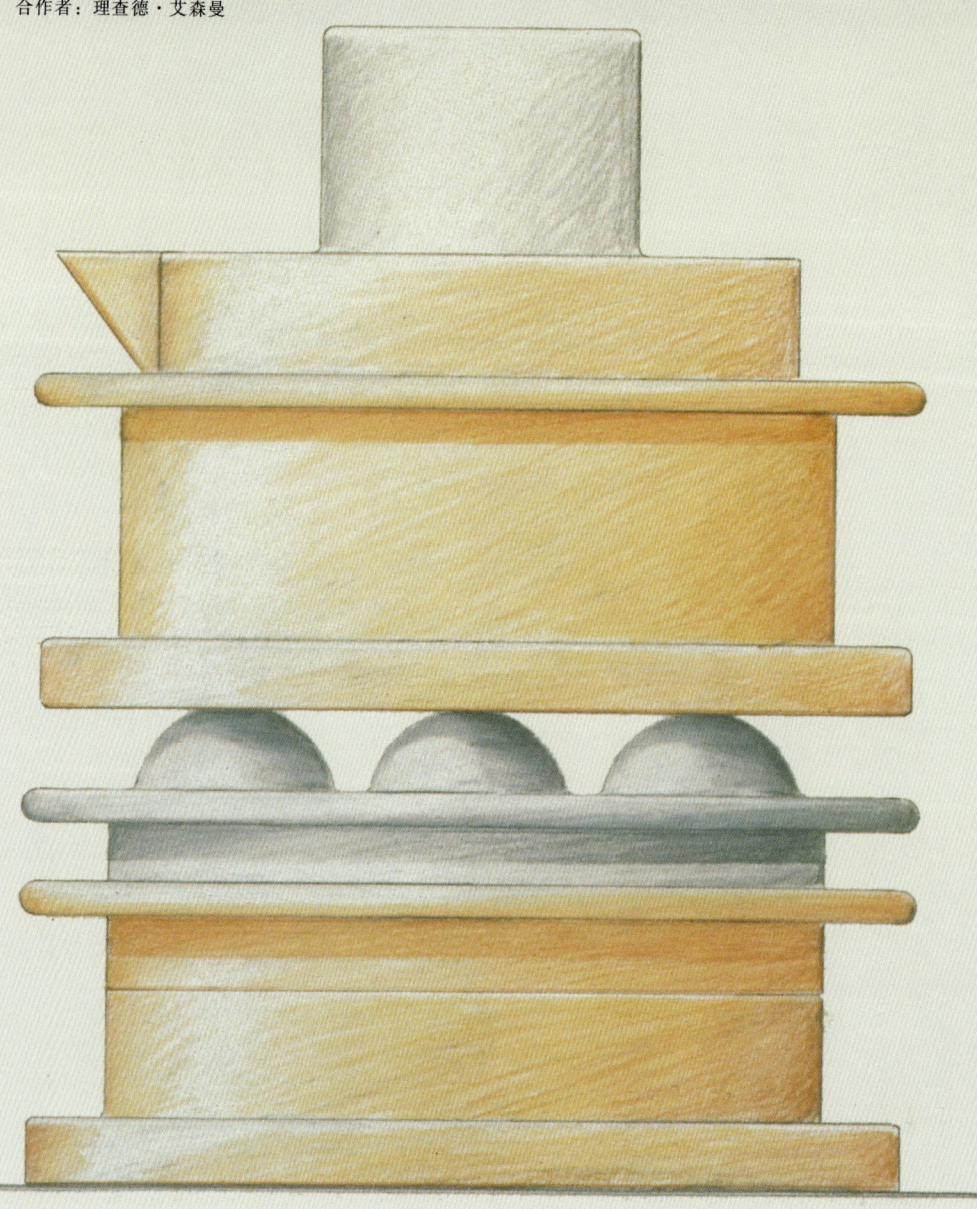

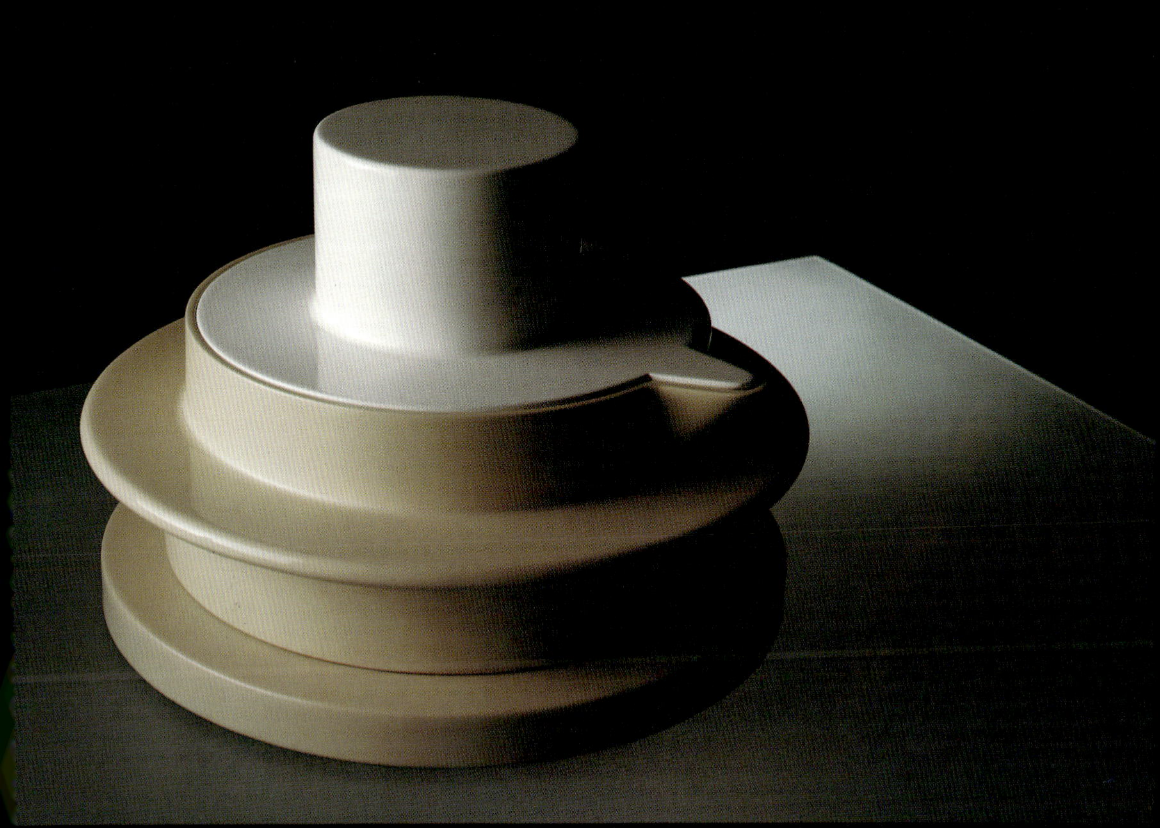

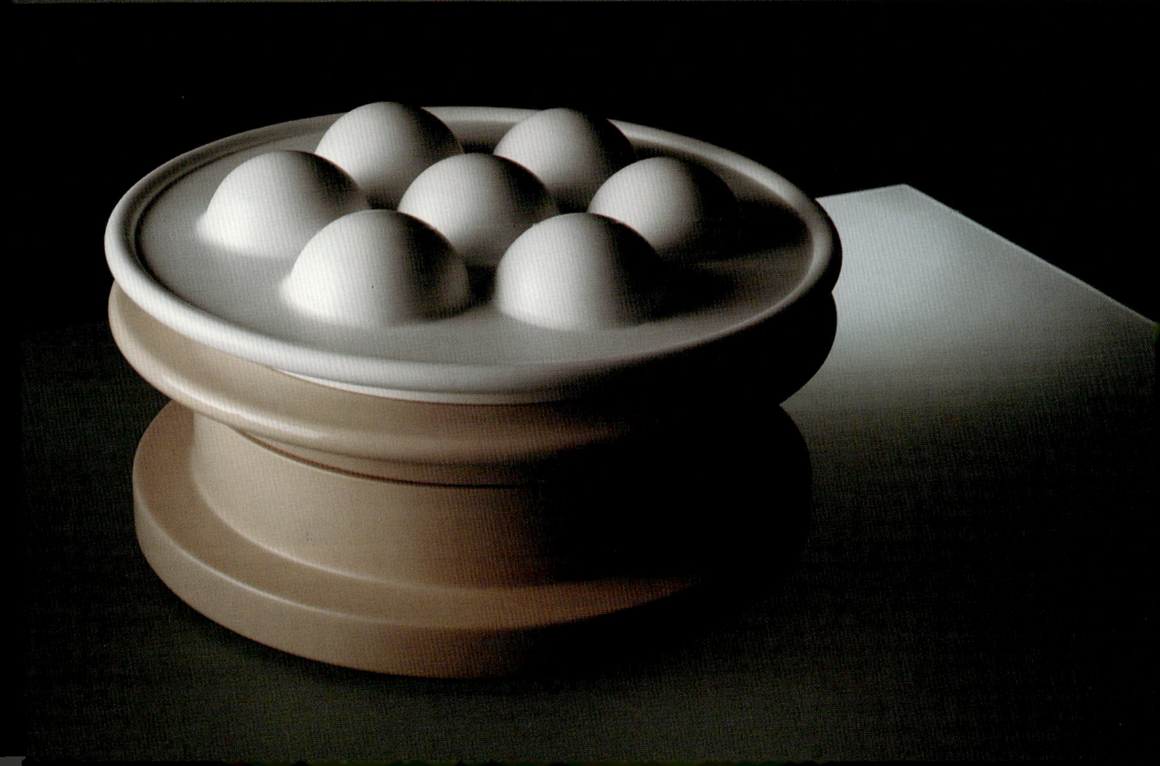

通世泰（Tostem）"东洋（Toyo）窗扇"

预制窗

日本，1990 年

设计者：埃托·索特萨斯，马可·苏撒尼

合作者：理查德·艾森曼，里卡尔多·弗尔蒂

通世泰是日本最大的窗框制造商，委托索特萨斯事务所为独户住宅设计了这些预制窗。

日本电报电话公共公司（NTT）"天使笔记"
电话簿设计

日本，1990 年

设计者：埃托·索特萨斯，马可·苏撒尼
合作者：胜川正史（Masafumi Katsukawa）
图形设计：瓦伦廷纳·赫尔曼（Valentina Hermann）

"天使笔记"是一种个人的电子电话簿，同

日本电报电话公共公司的数据库相连。"天使笔记"将允许订户进入电话和地址的中央数据清单，一经与一部电话连接可直接拨号。它的功能可以扩展到将"天使笔记"转移到一个时刻运转的电信终端。一个 180°旋转的折页允许显示的位置适应不同的光环境，而终端也可以在垂直的位置上使用。

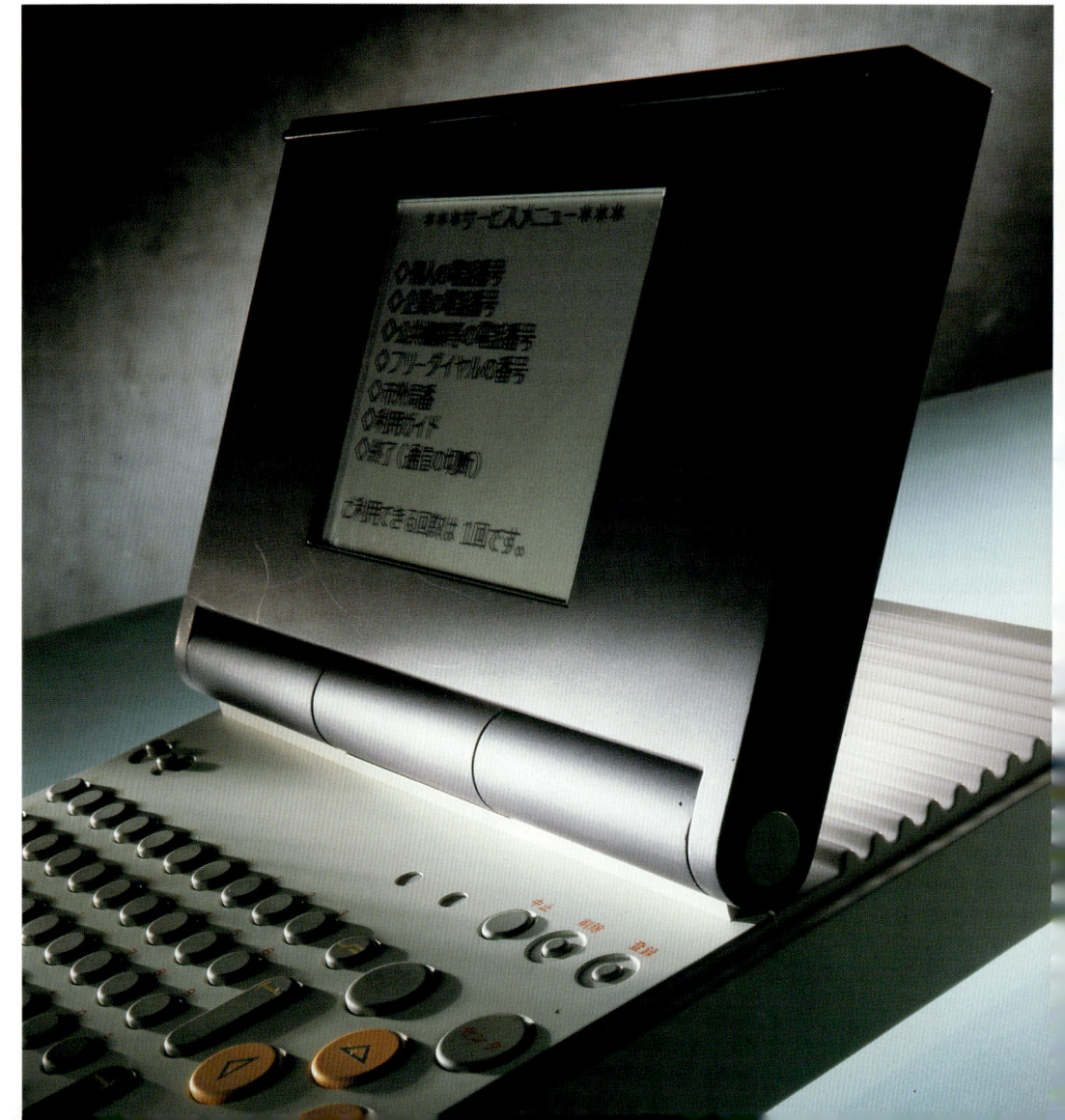

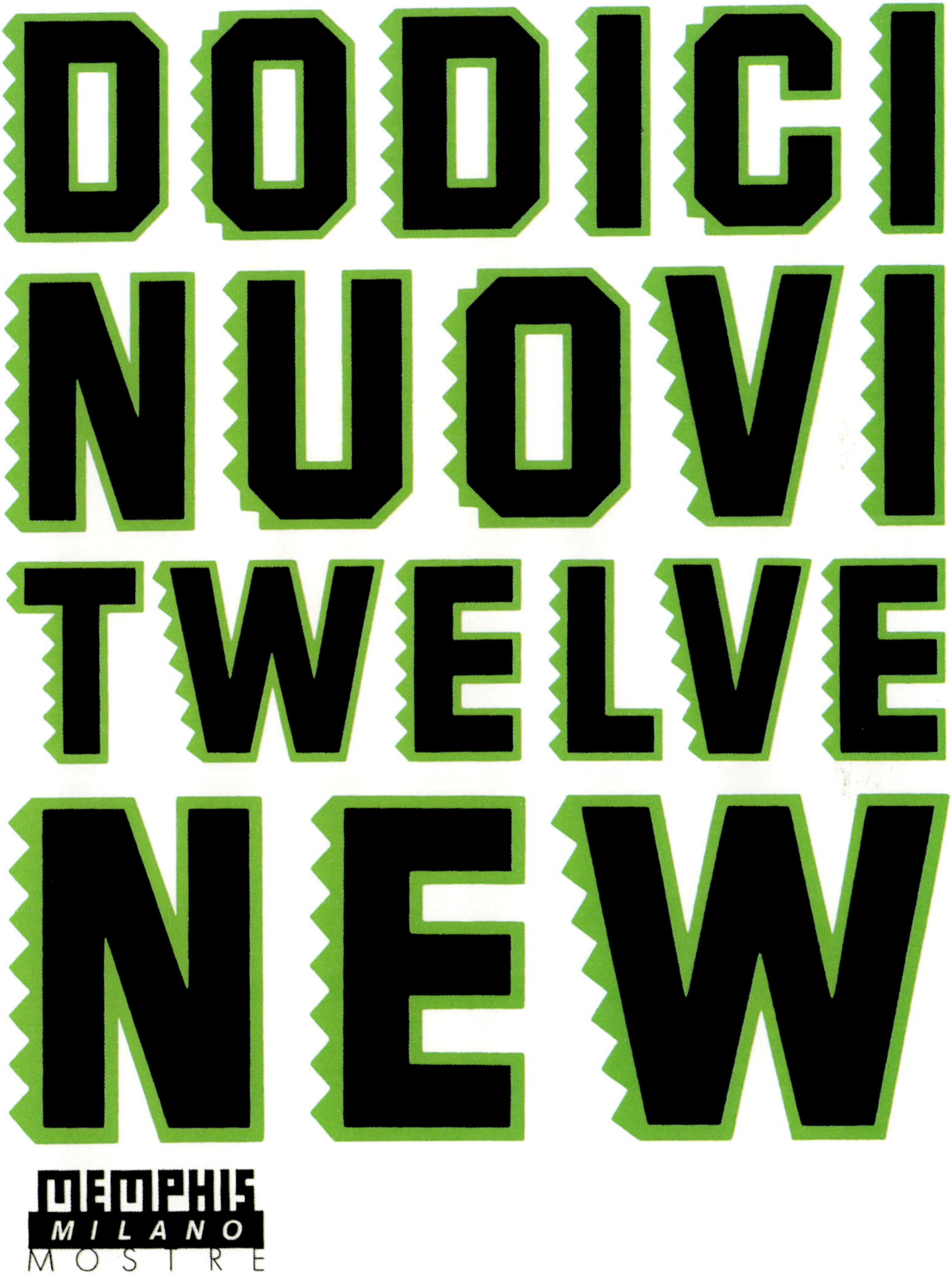

DODICI NUOVI TWELVE NEW

MEMPHIS
MILANO
MOSTRE

《12 个新的》目录的封面，孟菲斯米兰名册（Memphis Milano Mostre），1986 年（设计者：克里斯托弗·雷多，玛丽亚·玛塔·雷·罗莎（Maria Marta Rey Rosa））

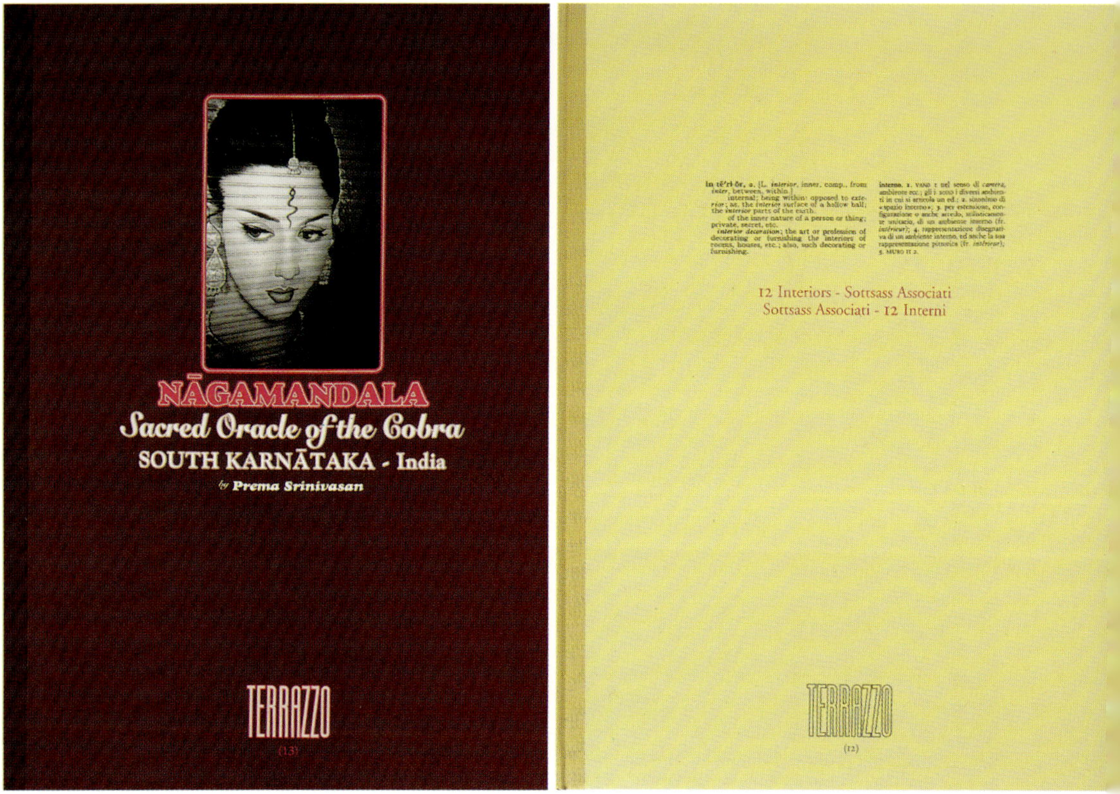

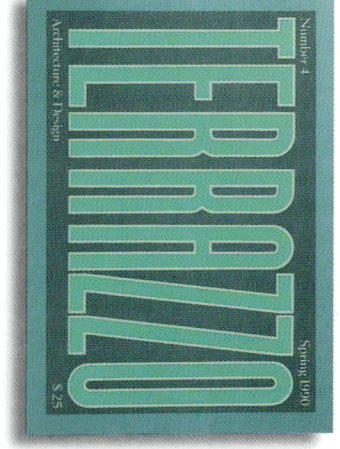

NĀGAMANDALA
Sacred Oracle of the Cobra
SOUTH KARNĀTAKA - India
by Prema Srinivasan

TERRAZZO
(13)

in té'rǐ ŏr, a. (L. interior, inner, comp. from enter, between, within.)

internal; being within: opposed to exterior, as, the interior surface of a hollow ball; the interior part of the earth.
of the inner nature of a person or thing; private, secret, etc.
interior decoration; the art or profession of decorating or furnishing the interiors of rooms, houses, etc.; also, such decorating or furnishing.

interna, s. vano e tal senso di camera, ambiente etc.; gli s sono i diversi ambienti in cui si articola un ed; a. sinonimo di « spazio interno »; 3. per estensione, configurazione o anche, enfaticamente « miniato, di un ambiente interno (fr. intérieur); 4. rappresentazione disegnava di un ambiente interno, nel senso la sua rappresentazione pittorica (fr. intérieur); 5. MURO II 2.

12 Interiors - Sottsass Associati
Sottsass Associati - 12 Interni

TERRAZZO
(12)

上图：《水磨石》一书封面图形设计，1996~1998 年（设计者：马里奥·米利吉亚，安托尼拉·普瓦西（Antonella Provasi））
下图：《水磨石》杂志封面图形设计，1989~1996 年（设计者：克里斯托弗·雷多，安娜·瓦格纳（Anna Wagner））

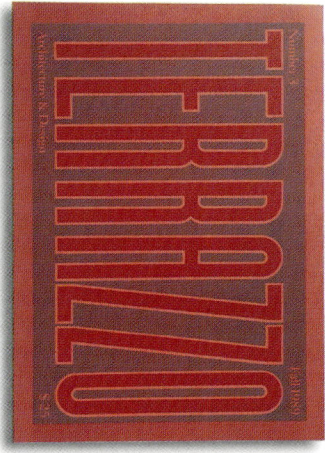

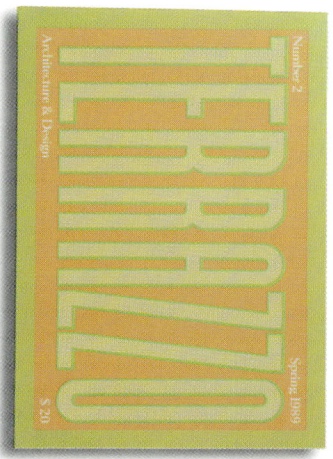

Ettore Sottsass

エットレ・ソットサス

Advanced studies
1986/1990

アドバンスト・スタディズ
1986/1990

Photographs by Santi Caleca

写真・サンティ・カレカ

Yamagiwa Art Foundation

財団法人山際照明造形美術振興会

《深入研究，1986～1990 年》一书美工设计，埃托·索特萨斯著，1990 年（设计者：马里奥·米利吉亚）

ERG

1.

ANSALDO

2.

Das europäische Haus

ULTIMA
EDIZIONE

4.

3.

1. 尔格石油公司标志，1990年（设计者：道格拉斯·雷卡迪）；2."安萨尔多（Ansaldo）"标志，1984年（设计者：克里斯托弗·雷多）；3."欧洲住宅 Das europäische Haus"设计展标志，德国，1992年（设计者：马里奥·米利吉亚）；4."最终版本（Ultima Edizione）"标志，1992年（设计者：马里奥·米利吉亚）

5.

6.

7.

8.

5."意大利时尚（Moda Italia）"贸易展标志，日本，1990 年（设计者：马里奥·米利吉亚）；6."概念商业街廊（Galleria delle Idee）"商店标志，1994 年（设计者：马里奥·米利吉亚）；7. 好利获得设计工作室标志，1994 年（设计者：马里奥·米利吉亚）；8. 庞泰莱姆博罗织物公司（Tessitura Pontelambro）商标，1991 年（设计者：马里奥·米利吉亚）

XLVIII Mostra internazionale d'Arte Cinematografica - La Biennale di Venezia - Settore Cinema e Televisione - 3/14 Settembre 1991

上图和对页图：第 47 和 48 届威尼斯双年展电影节海报，

1990 ~ 1991 年（设计者：马里奥·米利吉亚）

1993～1999年

20世纪90年代是索特萨斯事务所壮大与稳定发展的时期。这个团队更加紧密、更加一致、更加成熟，而且它的内部关系更具有凝聚与平静的力量。马里奥·米利吉亚说："现在办公室里没有那么多的明星了，事务所成员感觉不那么紧张了。我们现在更快了。我们有能力用相对有限的人力完成很大的项目，而且我们知道怎样从各个方面来操作这些项目：设计、图形、室内、建筑。所有的这些有助于一种特别的统一感的形成。我们的语言现在更加纯熟了，而且必然更加清晰与准确了。"公司的定位也是清楚的。扎尼尼是除了索特萨斯外，惟一的从1980年以来就是公司合伙人的成员，从1994年起他成为公司的常务董事，他说一路走来他曾失去——不可避免地——一些幻想。他认为跟上永远变化的市场是困难的，

但也是有趣的："为了生存，我们不得不接下几乎所有的工作，这迫使我们涉足许多非常不同的领域，迫使我们高度灵活，而且创造出新的职业技能。然而我们不善于营销。"从另一方面讲，扎尼尼说，这个团队在完成要求文化灵敏性与灵活性的"困难"任务方面非常优秀。索特萨斯也同意这个观点。"我们是幸运的"，他说，"因为委托人来到我们这里，知道我们是谁：像卒姆托贝尔、卡德维（Kaldewei）、古奇尼（Guzzini）、扎诺塔（Zanotta）、ICF和西门子（Siemens），我们和他们建立了长期的关系。这些公司和委托人都认为产品设计并不限于销售，而是包含范围更广的功能。"

索特萨斯事务所的经历证实了这点。在20世纪80年代，设计几乎仅仅涉及到家具

和产品；90年代范围更广、更特别的设计委托增加了，例如为西门子、杜邦（DuPont）、艾贝塔打印做的色彩设计。这些几乎都是由图形设计部与其他成员紧密合作完成的。

就建筑设计而言，前景也拓宽了，还有了简单的城市规划研究与设计。在他们最野心勃勃的计划中，还包括设计整个新城，并将其想像成可以提供无限服务的区域（例如新汉城国际机场区域的城市规划和韩国另一个城市仁川的城市扩张规划）。

迈克·赖安和扎尼尼一道为新马班萨机场项目工作了4年。谈起高速和专心对于甚至更复杂的任务的重要性，马班萨的尺度、处理与公众代理的关系都要求很好的组织能力。对于这个话题，迈克·赖安说："这是不容易的，机场的环境本来是不平静的，但我们却成功地将静谧带给了环境。一个机场必然是一个好客的场所，对于疲劳而且经常是昏乱的旅客来说，它应该是可以提供休息的；然而有人认为它应该是醒目的高科技，是令人激动的。设计一个机场，将它设计成'雅致的'，似乎被看作一种挑战。"

一种现代性是以矫揉与多修饰的方法，通过卖弄高科技来宣扬自己。对于这种倾向，团队似乎很少让步。而或许因为几乎所有的合作者和员工都是年轻人，因此就技术的多样性而言，这个公司是世界上最先进的公司之一；它在物质上与精神上始终对最先进的设计技术投入了好奇与热情。

乔安娜·格莱文德总是和索特萨斯紧密合作。被问及过去5年中实施的建筑项目[东京的裕子（Yuko）住宅，意大利拉文纳现代家具博物馆；中国肇庆高尔夫俱乐部及度假地；比利时圣利文斯豪敦的（St. Lievens Houtem）范·茵佩（Van Impe）住宅；比利时拉纳肯（Lanaken）内诺恩（Nanon）住宅以及比利时的"鸟居"]，她说："我们不仅仅变得更加专业，而且依据经验，我们发展出紧随当今世界潮流的设计风格——通过更现实地处理问题。我们也已经准备好完成所谓的结构技术工程。例如我们影响建筑设计中电的综合，而且更有效地解决细节来满足造价的同时，满足物理的和形象的要求。"

从形式的观点看，公司建筑作品的"场所"感比以往更清晰：建筑就是建筑，不是纪念碑或雕塑，也不是野蛮的小技术革新，而只是简单的"场所"（看早期沃尔夫住宅的例子），围绕生活的轨迹和运动来设计，是生活片段的集合。

"和埃托一起"，格莱文德解释说，

"人们总是从通过设计内部的路线及人们认为的私密生活——它或许是私密的，也或许是公共的——开始规划。外面发生了什么，从外面接下来会看到什么，则是内部制造的'偶然事件'。"这也就是说一个结构的外部包装不是一个独立的壳，而是要跟随内部主要功能的节奏的。这是内部设计，不是建筑术的简化；这是"真正"的建筑。

孟菲斯小组强调视觉侵略，因为它认为必须促进与证明更多设计方法的可能性。而索特萨斯事务所从孟菲斯小组内部诞生时开始，就似乎在逐步地颠覆自我。设计中坚硬的东西被柔化，几乎消失了，而且允许其内在的复杂性、其"软件"和生命的呼吸反映到表面上来。建筑已经变成一种流动的、闪光的实体，从内部开始的设计可以轻易适应不断变化的活动。

或许，正如迈克·赖安所设想的，这种流动性也是他所说的公司"非正式性"的结果。"更少的私密性，但却更自然"，赖安说，"我们的非正式是宝贵的。我们试图用这种非正式性感染我们的委托人。我们满怀尊重地努力使他们在任何可能的时候融入其中。"结果设计显出罕见的深度与透明度。

对于索特萨斯事务所的合伙人来说，流行的趋势是过去的事了；解构主义和消除物质形态的做法已经结束了。从形式上消除表面和体量是不必要的，甚至或许是庸俗的。表面和体量自然就成为片断，并消除了物质形态。被宇宙的宿命分割，它们作为我们生活与存在的神秘核心出现了，又消失了。

建筑设计：建构的人文主义

安德烈·巴兰兹

应该说，设计师创造建筑的方式与传统建筑师的工作方式有着根本的不同。其不同更多在于哲学体系，而不是方法论的差别。传统的建筑师从一个建筑的整体理念开始——从一个确实的事情开始，这个确实的事情就是建筑的组织反射出它的规则的整体性和自我参照性。换句话来说，表达的公式依然统治着许多涉及机械世界的欧洲建筑。体块的旋转、体量的清晰表述以及其不同部分的装配必须时刻保证结构——在这种情况下即机器——及其表达与功能价值的整体性。这种现象学的理念总是保证个人的经验在已经存在的表达公式的范围内重新建立。

因此，这种类型的建筑模仿着自身，又支持着自身，将自己的历史使命当作文献，其自身的逻辑在文本中、在隐喻中、在讽喻的形式中模仿着自身的不和谐、价值以及高深莫测。人们必须看看解构主义是什么。解构主义运动开始于丹尼尔·李伯斯金（Daniel Libeskind）的见解，即建筑已经完全不适合在当代大都市中存在了（见建筑伸缩派事务所的《永不停止的城市》），也不适合在无法定义空间的网络时代存在了。建筑已经变成一种简单而纯粹的形式，建造就

是一切。它已经成为一种"国际化"的不对称，驱散了对逻辑与设计的拆分，通过一种固定和切实可行的隐喻，贴上了晚期未来主义的标签。解构主义事实上在传统学院派的顽固分子中得到了认同，现在西方正处于深层认识论的转折点，因为建筑作为一个秩序的学科，被这个简单的非对称确定下来了。

然而还有一种不同的设计风格，它采用一种不同的设计方式，我们可以在20世纪90年代的许多设计项目和发展趋势中看到。这种不同在于这个学科的典籍——那是一些用来执行的东西，它能将技术与语义和功能联系起来——已经不再是明显的参考了。

一部分文化从历史中向我们走来，它使我们对于建筑、建造、工程和设计分别进行重新认识，这种理念带给我们通向广阔领域的途径。这个领域可以沿不同的方向进行探索，可以穿过不同的精神和关注，没有阶级，没有尺度。

这类活动不再意味着两个或更多不同学科出现的结合点。它属于一种设计概念，即号召建筑在这个人造的世界中表达一种改造与变革的力量。

可利用的技术不再是一个个别的教堂——意指一个通过历史证实自己的符号——的组成部分。它们是已经消散的一个群体、一个潮流，它们追随并认可着机会，却没有建立任何东西。这样一个大都会不是由建筑组成的，而是由场所、机会（可能也是临时的）、关系、表面以及色彩（用来描述复杂的组成部分的流动性与可转移性）组成的。它从未将自己重新组织成为永久的形式，而是保持着一种开放边缘的可能性。建筑不再属于机器的强力时代，而是属于电子的弱能量时代。它通过组织几乎不可定义的功能性、惊人的虚构和相关的性能来运作。

这种态度是由一个直接但却很新的设想引发出来的；这种态度断言这种建筑已经不存在了——只有建筑师还存在着。

如恩斯特·贡布里希（Ernst Gombrich）所说，"事实上并无所谓艺术。只存在艺术家。"这种建筑设计的新方法依赖于微系统，这种微系统充满于新千年的普通都市——一个没有任何确定性的都市——但它却因日常、自由、淡淡的和有限的不确定性而生气勃勃。

这是一个被解放了的环境，它具有传统

建筑（继续将自己表现为时间的高贵见证人的传统建筑）生存的严重障碍。然而它也产生了完全属于这个时代的另一类型的建筑。

埃托·索特萨斯及其事务所的建筑属于这个第二世界，并占据了其中准确的极性。我将这种极性称作乔托风（Giottoesque），它开始于索特萨斯20世纪50年代末发展的原创与稳定的形式逻辑，他从那时起经过不断的进步、发展和变化，却一直坚持着这种形式逻辑。

我时常在想这种逻辑从哪里来，它从哪里获得了异乎寻常的力量，这种设计方法对于形式的感知究竟意味着什么。

毫无疑问，它的历史根源是欧洲的新造型主义文化，它由简单的形状——圆柱、球体、平面和直线——装配而成。在这个基础上做了与寻找元素相反的事，几乎是易雍的原型，这是埃托从东方——印度和日本——的文化中提取出来的，也是从奥地利发源的表现主义的边缘中提取出来的。奥地利是欧洲通往东方的门户之地，而这个矛盾实际上是一个对立的统一体。

在这些基础上，埃托的设计方法并不是追随着设计原则，而是追求自治要素的组合，直至他获得一个物体或一个建筑，它们看起来就像是一个荒谬的、讽刺的和亵渎法则的结果。其结果是坚固、有力、易于辨识的，但却从不是纪念性的。如果一定要说有纪念性的话，那也是和大众文化的符码——诸如印度神庙、沃特·迪斯尼（Walt Disney），以及我所说的乔托——比较贴近。在乔托的壁画中，事物和建筑事实上是没有差别的。它的建筑在人类的风景里是单独的元素，它和故事里的角色、人类故事里的角色是完全平等的。

但索特萨斯的法则仅仅在风格上可以明显辨识。在他的作品中有一种更复杂的动机和努力，也就是我所说的建构的人文主义。

这种方法来自埃托将其作为作品根源的确定不移的东西。他相信，存在于使用者和人造世界之间、包含诸多联系的平面必然有一种形式反应：它必然对结构原型、装饰、视觉符号以及可行逻辑系统未满足的要求做出反应。因此，他的物品和建筑都是由具有表现力的表面和易于辨识的形状组成。事实上，它们可以被描述为全球化的富于修饰的设计，从物品直到建筑，它稳步向前，不受任何干扰。

这一类型的设计不能被理解为一种风格，而应被看作是对于人造世界中形式品质的重要问题的反应。这不是一个小问题。事实在某种程度上，这些问题影响了对于我们整个社会发展图景的定义，影响了对于人类学在一个技术发展的世界的平衡的定义。人造世界的形式品质不是历史的一个可选择部分。它不再以有差别的目光关注少数人群，而是代表有广泛重要意义的社会问题。这个世界的形式品质是一个主要的政治问题，因此，我们的工业系统若非创造出一个在形式上更好的世界，则注定要失败。

最近，社会主义国家（原文如此，指苏联和东欧部分国家——本书编辑注）的解体也表明了这点——创造出一种社会平等（想像中的社会平等）而美感缺乏（不要说丑陋的）的世界是无益的，因为这最终产生了一种文化拒绝，政治也是如此。

西方的道德教导我们，美学仅仅是人类所面对的伦理问题的次要部分，人类的救赎不在于事物，而在其他的地方，在天国。相比之下，古日本则持相反的观点——道德是更大的美学问题的一小部分，一个虔诚的人的职责是把世界建设好。埃托赞同这个观点。

今天的世界似乎是在创造两个空间分离的王国，每个都有各自的宿命。其中一个由广场空间、历史、暴力和粗糙的商品组成，注定要在一种复杂中疏忽、飘泊。它不再是一种品质，而是秩序和宿命的完全坍塌，在这个世界中只能设计出分离的片断。

另一种是由虚拟空间、非物质化和高品质服务组成的电子王国，在电子空间里设计的统治没有任何阻挠和障碍，在那里，任何事物都是逻辑和抽象的游戏——从历史中分离出来的一个理想城市。

在第一个世界中，形式的品质是不可能的，因为那是不可行的。而在第二个世界中，形式的品质是没有用的，因为那是不能被验证的，面对这种两个世界可能（在某种程度上已经存在）的断裂，人类学鉴定系统的研究成为一个可能性思考的学科。

因此在埃托的作品中，电子工具、椅子和大建筑之间的差别永远地消失了。这些什么都不是，只是过时的分类，直到在物理的世界中，人的逻辑，而不是所宣扬的机器的逻辑被看作统治的逻辑，它们才在易辨识的、友好的、诗意的连续视觉符号中消失了。在这种建构的人文主义的世界中，人类、人造环境和自然（这个世界）被美好的东西所拯救了。

作品

裕子住宅

东京，日本，1991～1993 年

设计者：埃托·索特萨斯，乔安娜·格莱文德

当地建筑师：K3 协会

这幢两层的住宅在一层有一个办公室兼展厅。这一层在外部由黑色的花岗石和连续窗连接起来。它支撑着一个混凝土底座，这个底座是上一层两个体量的基础，两个体量被一个小的院子分开。主要的一侧是粉红色的瓷砖饰面，里面一层是客人房间、厨房和餐厅，二层是一间卧室。

建筑的第二个体量打算用作起居室，用白色石膏喷涂，覆银色金属屋面。家具也是银色的，从起居空间的内部延伸到外部，成为建筑的一部分。

现代家具博物馆画廊

拉文纳，意大利，1992～1993 年

设计者：埃托·索特萨斯，乔安娜·格莱文德

工程建筑师：菲德丽卡·巴比罗（Federica Barbiero）

当地建筑师：Agorà s. n. c.

这个画廊是坐落于拉文纳市郊，已经建成的现代家具博物馆的附属建筑，占地 650㎡。方案的中心是一个种满树的院子，三面是由具有特定断面形状的蓝色混凝土柱廊围合的，第四面是工业化预制的结构，表面装饰着玻璃锦砖，作为画廊的标志。新建的构筑物和建成的建筑在地坪标高通过有顶的廊子联系，在第二层标高则通过封闭的桥联系。连续的日照带给室内平静、漫射的光线。

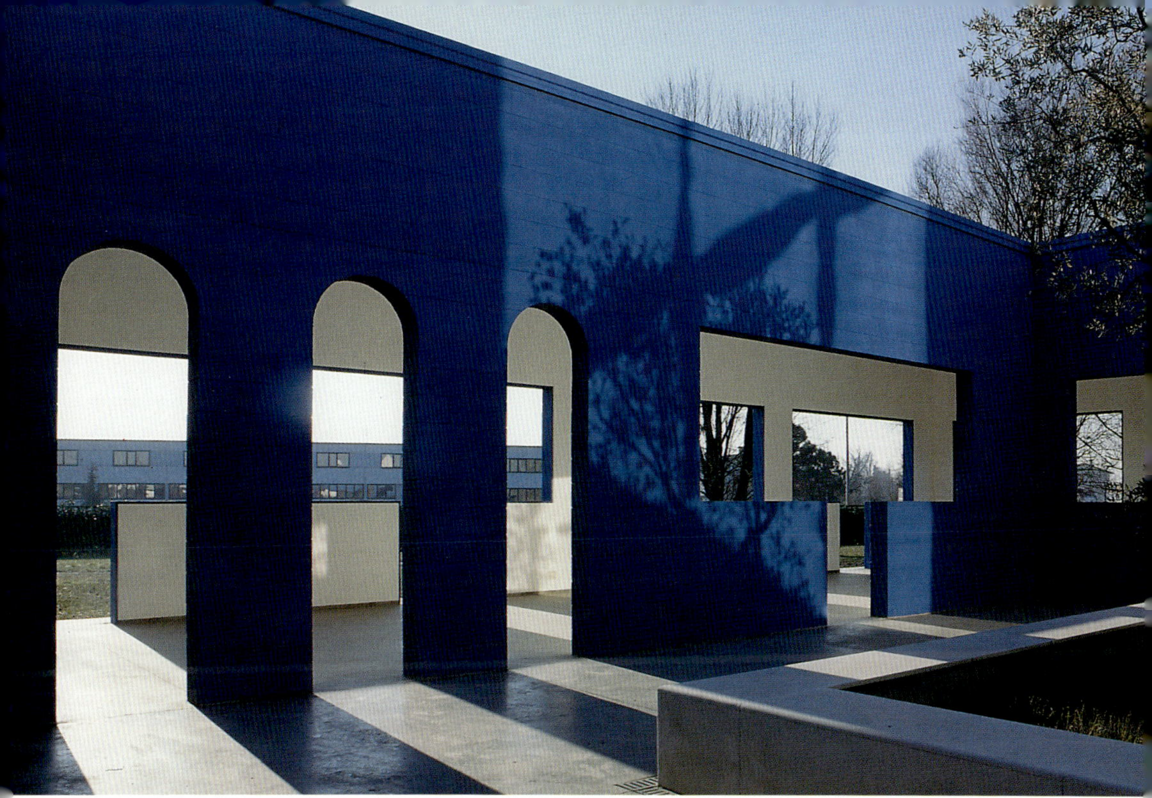

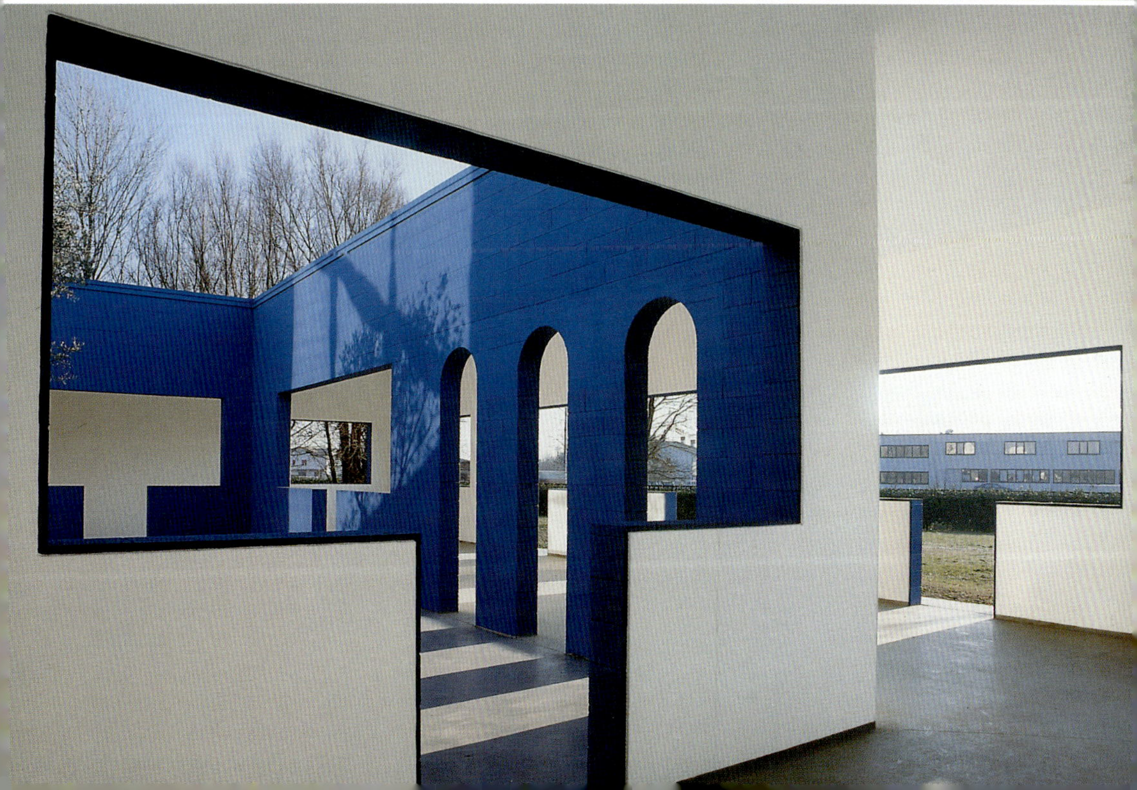

肇庆高尔夫俱乐部及度假地
肇庆，中国，1994～1996年

设计者：埃托·索特萨斯，乔安娜·格莱文德

工程建筑师：菲德丽卡·巴比罗

当地建筑师：香港设计图景公司

这个 4000m² 的综合体包含一个高尔夫俱乐部、一个室内体育馆、3个餐厅和一个12间客房的小旅馆。设计十分注重材料的选择、建筑的技术和色彩，使之符合当地的传统。主要部分包含

入口、酒吧和办公，是一个开敞的空间。屋顶是传统的釉面陶土瓦，由装饰着深绿色陶瓷锦砖的大柱子支撑。第二部分覆盖着黄色陶土瓦，包含餐厅和室内体育馆，体育馆紧邻淋浴、桑拿、按摩用房。附近是旅馆和用于高尔夫道上的小机动车的车库。这一部分用红色和浅褐色的陶土砖，并通过一系列的花园、天井和柱廊同主体相连。所有的组成部分都坐落在一个绿色陶土砖装饰的柱廊基座上。上部通向各个部分的入口都在大平台上得到了解决。

毕斯乔夫博格住宅

苏黎世，瑞士，1991～1996 年

设计者：埃托·索特萨斯，乔安娜·格莱文德

工程建筑师：吉安路易吉·穆蒂

受画廊业主及其家庭的委托，这个 400m² 的私人住宅坐落于能够俯瞰苏黎世湖的山上。在这个基地上原来有一栋传统的农宅，主要部分是 3 层，包括一个大的起居室兼画廊、餐厅、厨房、客人房间、书房和两个大的卧室。第二部分离主

体很近，包含车库。建筑的每个部分都以石板饰面，只有主入口附近的部分装饰着伊斯的利亚石材。

copyright © Helmut Newton

copyright © Helmut Newton

Copyright © helmut newton

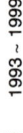

格雷尔（Greer）住宅
伦敦，英国，1993～1994 年
设计者：埃托·索特萨斯，乔安娜·格莱文德
工程建筑师：菲德丽卡·巴比罗
当地建筑师：盖里·泰勒（Gerry Taylor）

这个项目是一栋伦敦 18 世纪住宅的彻底改造。重新设计的部分有起居室、餐厅、入口、书房、学习室和楼梯，另外还包括花园。地板是红色的橡木，墙面和顶棚是石膏板。

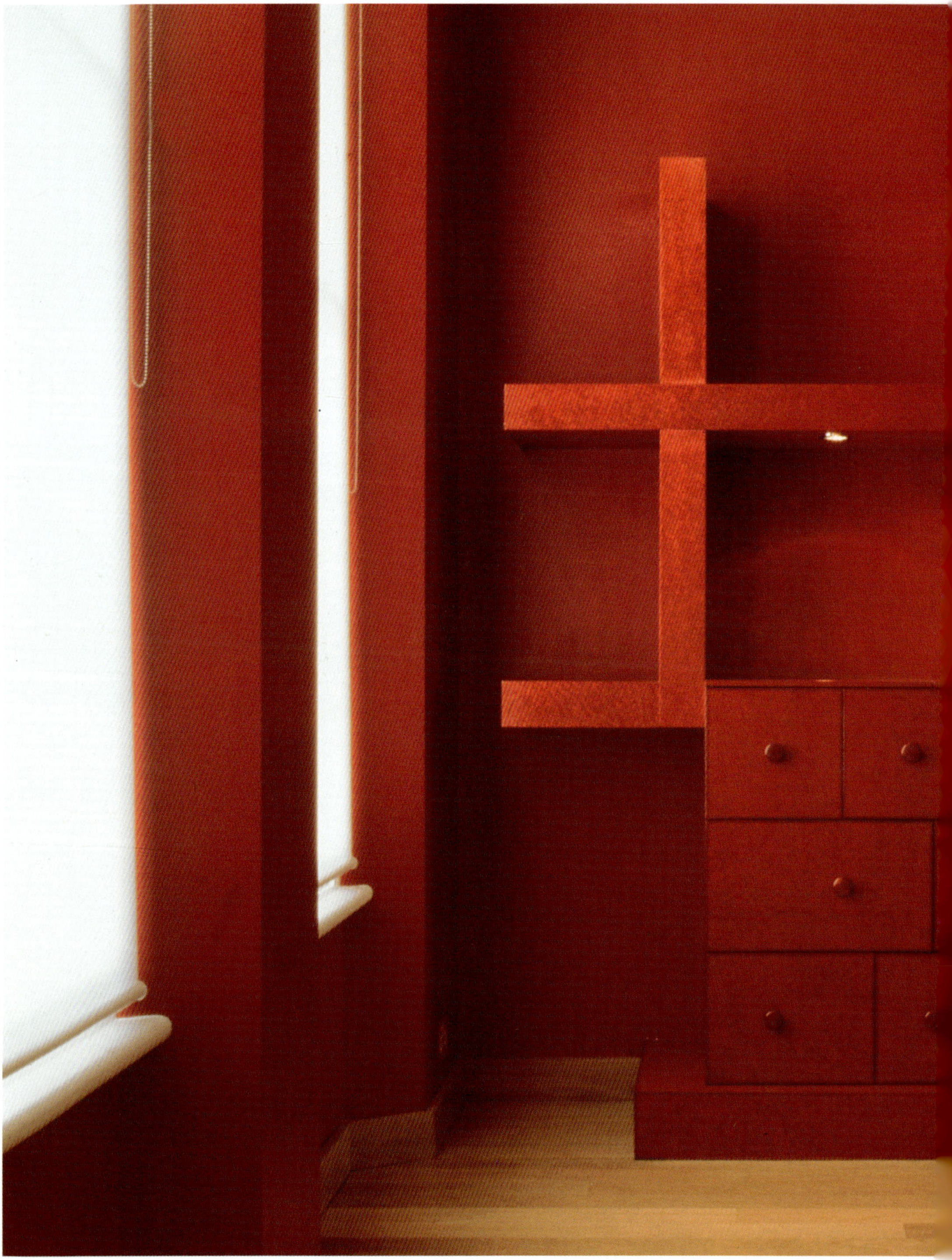

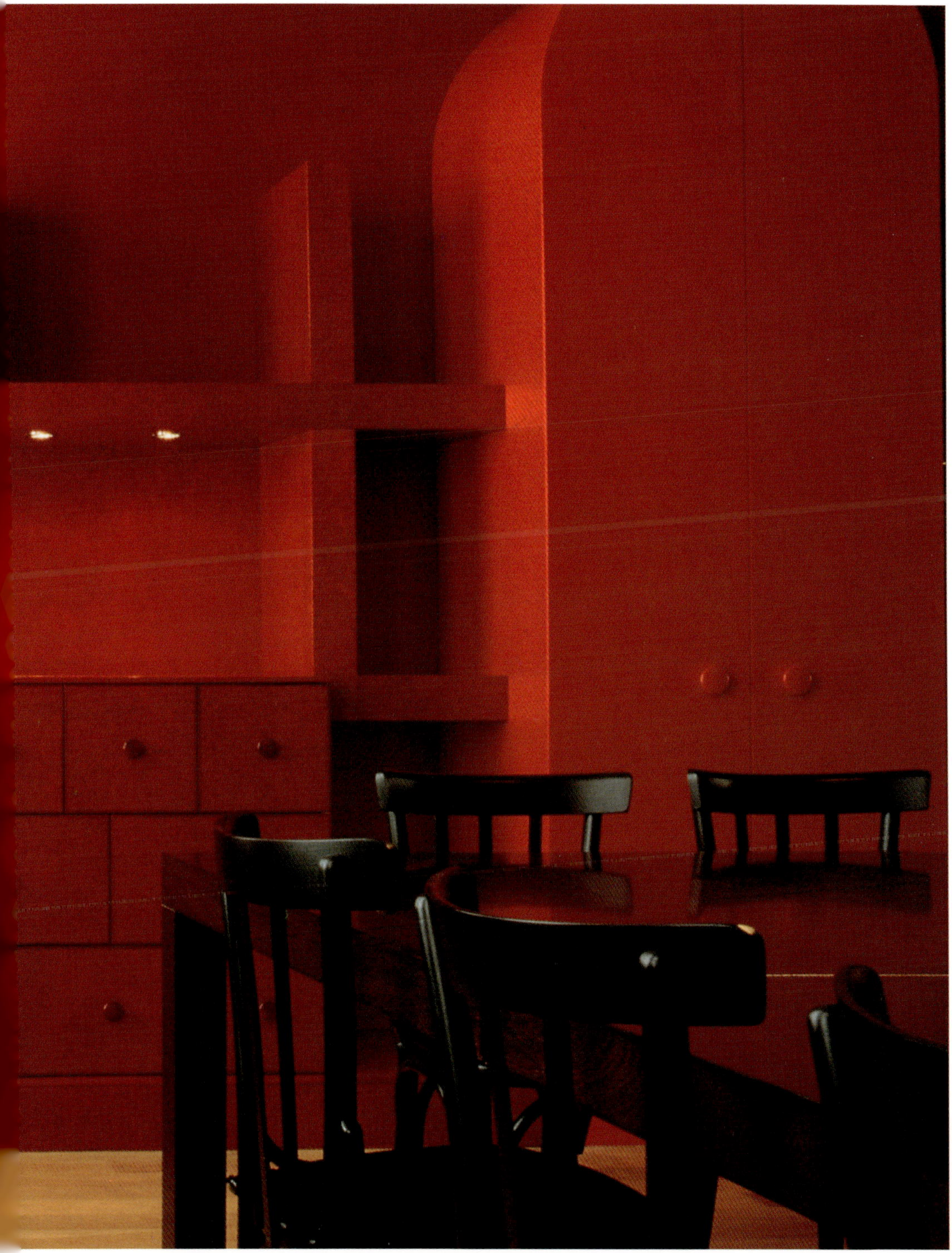

盖拉(Ghella)住宅

罗马，意大利，1993～1994 年

设计者：埃托·索特萨斯

合作者：吉安路易吉·穆蒂，乔治·斯科特

这个项目要求将罗马一栋面对马塞罗剧院（Teatro Marcello）的历史建筑的一部分改作居住用房。这个住宅单元有 3 层。厨房和与道路有直接联系的主入口在第一层。二层和三层是类似的：都有一个起居空间和一间卧室，卧室也兼作书房。设计中的统一元素与独立空间的多样性相对照，胡桃木镶板覆盖了上至窗子高度、下至橡木地板高度的房间的所有墙面。有些地方的面材也采用了镶板，如抽屉和门；镶板也用来遮蔽这栋建筑内安装的大多数固定设施。

莫隆（Merone）水泥公司办公室
米兰，意大利，1993 年
设计者：埃托·索特萨斯，乔安娜·格莱文德
合作者：保罗·德·鲁西

这个为米兰一家水泥公司做的管理办公室设计，包括一个开敞的大接待区、3 间办公室、一间会议室和一个服务区域。中心区域设计得像一个小广场，管理人员的私人办公室面向这个广场开门。公共区域的地面铺着印满大花的英国地毯。

"亚马逊号（Amazon Express）"摩托艇
1994～1995 年

设计者：埃托·索特萨斯，马可·扎尼尼

航海建筑师：　Espen Øino

合作者：吉安路易吉·穆蒂

　　"亚马逊号"是一条 67m 长的私人越洋摩托艇。最初它是由威尼斯造船所（Arsenale Venezia）在 1966 年造的深海渔船。1984 年在挪威和 1994 年在威尼斯船所，经过相继两次改造，将它改装成摩托艇，在威尼斯它获得了后来的面貌。这条船可以很舒服地容纳 10 名旅客。这个设计依据航海建筑师 Espen Øino 的设想，包括上部结构的大范围改造和大部分内部空间的重建。设计的色彩配置和整体形象赋予船体以研究与娱乐的性格特征。

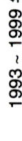

卡西纳（Cassina）家具设计

1994 年

工程设计师：埃托·索特萨斯，马可·扎尼尼

合作者：理查德·艾森曼

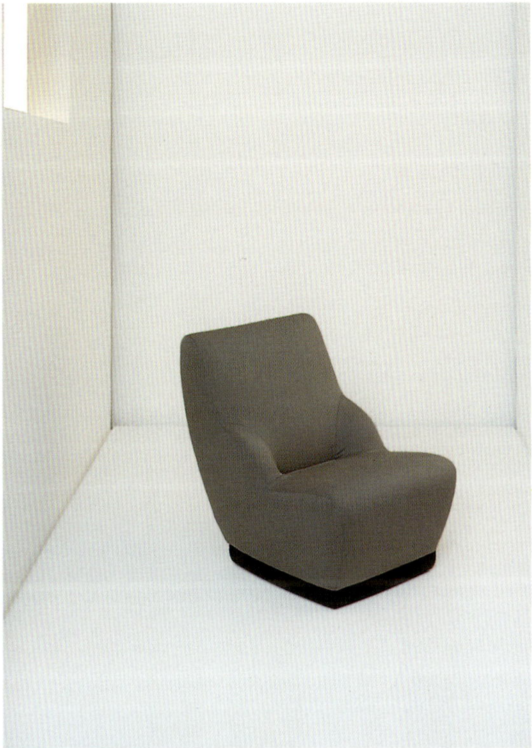

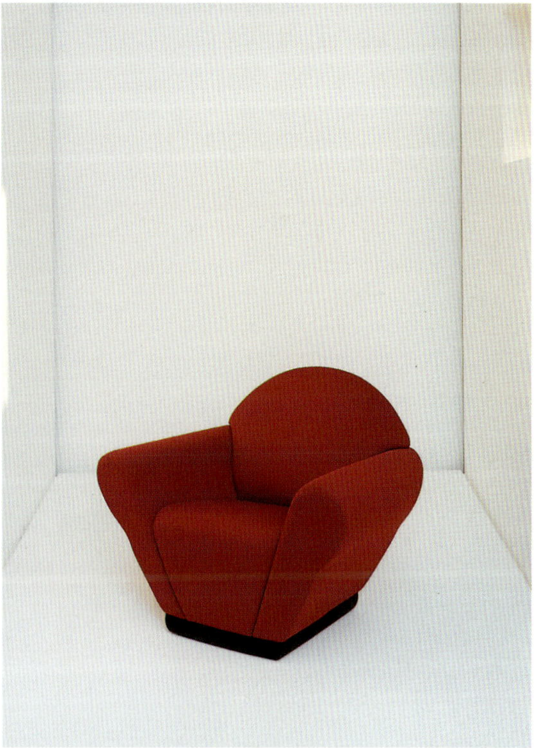

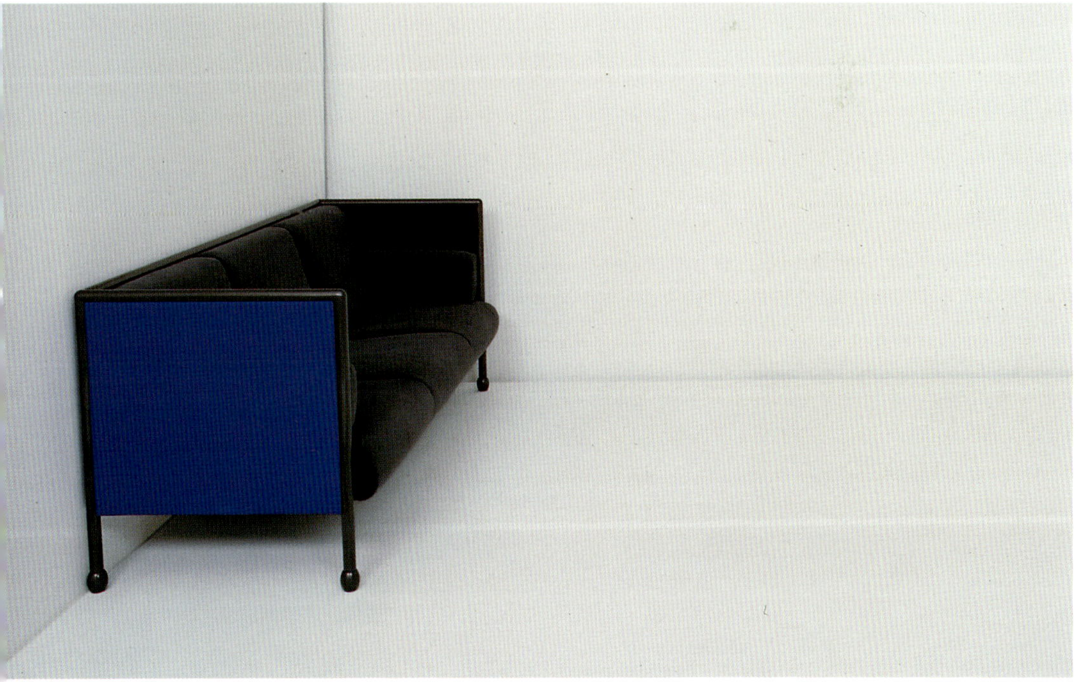

坎都（Candle）公司缩放灯设计，1994 年
设计者：埃托·索特萨斯，詹姆斯·埃尔文
合作者：里卡尔多·弗尔蒂

方塔纳艺术公司（Fontana Arte）家具设计

1992 年

设计者：埃托·索特萨斯，马可·苏撒尼

卡德维浴室设计

1995～1998 年

设计者：埃托·索特萨斯，詹姆斯·埃尔文

设计小组：里卡尔多·弗尔蒂，吉安鲁卡·吉奥达努(Gianluca
　　　　　Giordano)，凯瑟琳娜·罗伦兹(Catharina Lorenz)

插　图：芭芭拉·伏尔尼（Barbara Forni）

　　卡德维是欧洲钢模浴盆与淋浴单元制造业中的领军品牌，索特萨斯事务所和他们的合作旨在提升其产品的设计水平，并为浴室设施引进新的文化理念。

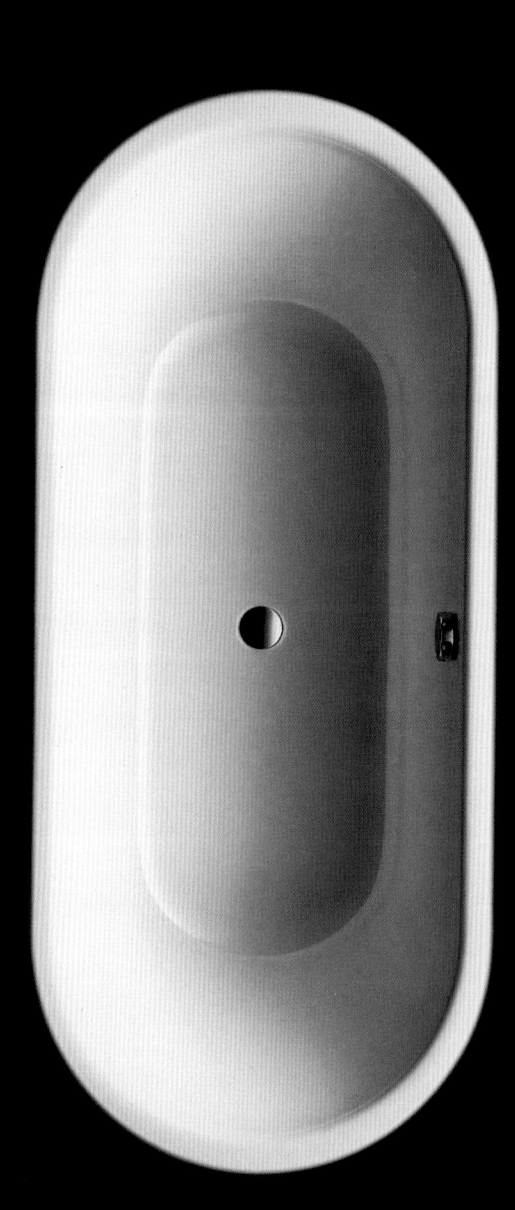

扎诺塔家具设计
1994 年

设计者：埃托·索特萨斯，马可·扎尼尼
合作者：理查德·艾森曼
装饰：马里奥·米利吉亚，芭芭拉·伏尔尼

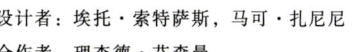

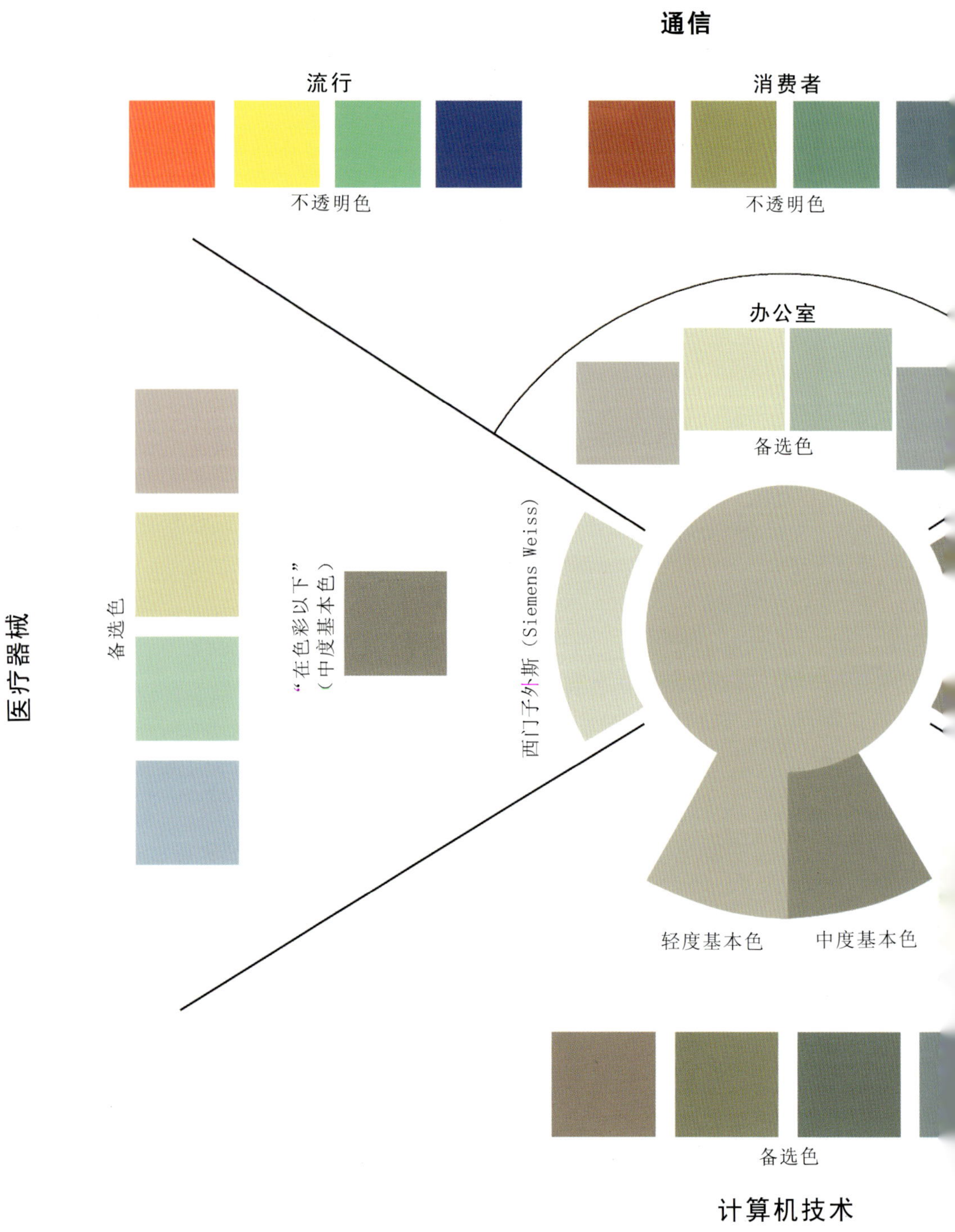

流行　　　　　　　　　　消费者

不透明色　　　　　　　　不透明色

办公室

备选色

西门子外斯（Siemens Weiss）

"在色彩以下"
（中度基本色）

医疗器械

备选色

轻度基本色　　　中度基本色

备选色

计算机技术

职业

不透明色

蓝绿基本色

灰色

备选色

重度基本色

工业

西门子产品新色彩设计

1995 年

设计者：埃托·索特萨斯，詹姆斯·埃尔文

合作者：克里斯汀纳·迪·卡罗（Cristina Di Carlo）

　　这个设计要求为西门子公司的高科技产品确定新的色彩。回应新的、日益增长的、对于更温暖更友好的日常氛围的要求，这个设计研究了色彩范围，使 4 条生产线（工业、通信、计算机技术和医疗器械）的产品具有明显的标识性。

1993～1999

223

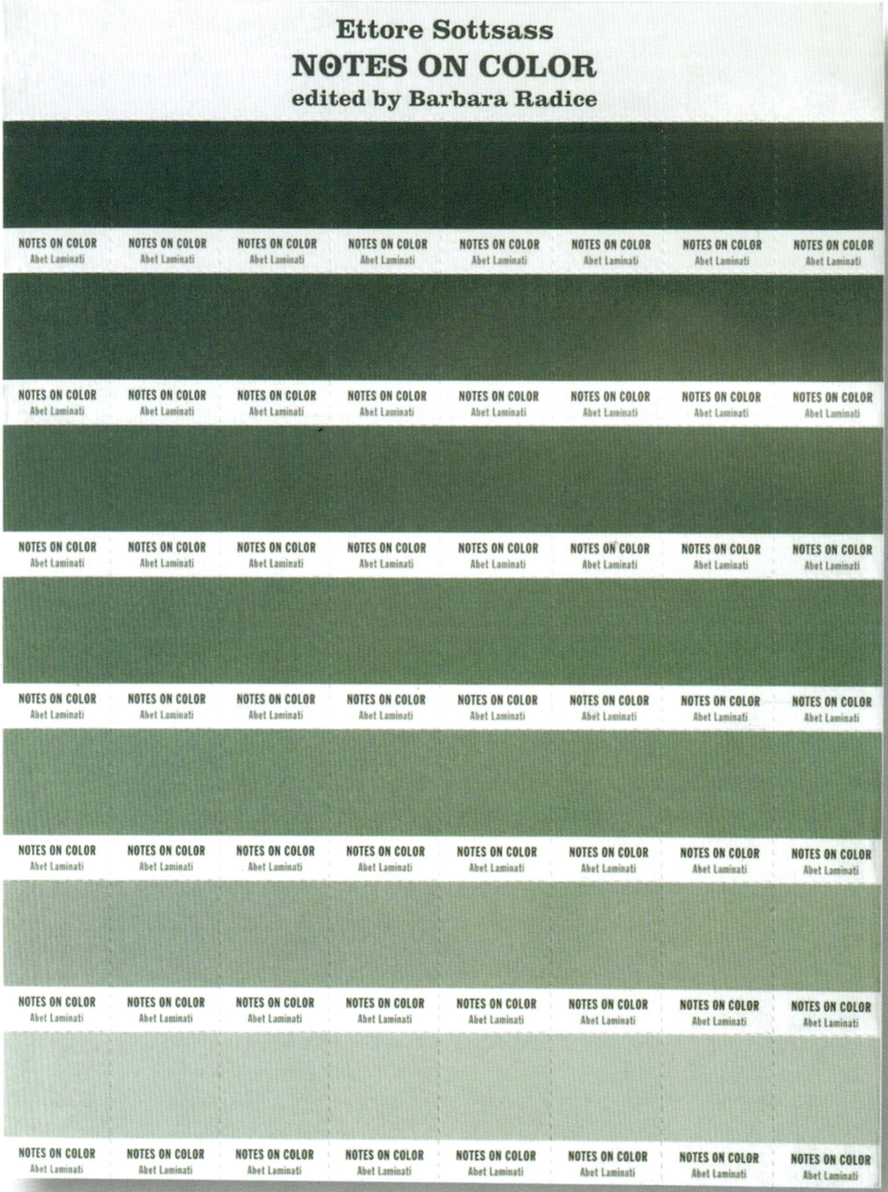

Ettore Sottsass
NOTES ON COLOR
edited by Barbara Radice

NOTES ON COLOR
Abet Laminati

《色彩笔记(Note sul Colore)》封面图形设计，阿贝特·兰米纳迪公司(Abet Laminati)，1994 年(设计者：马里奥·米利吉亚)

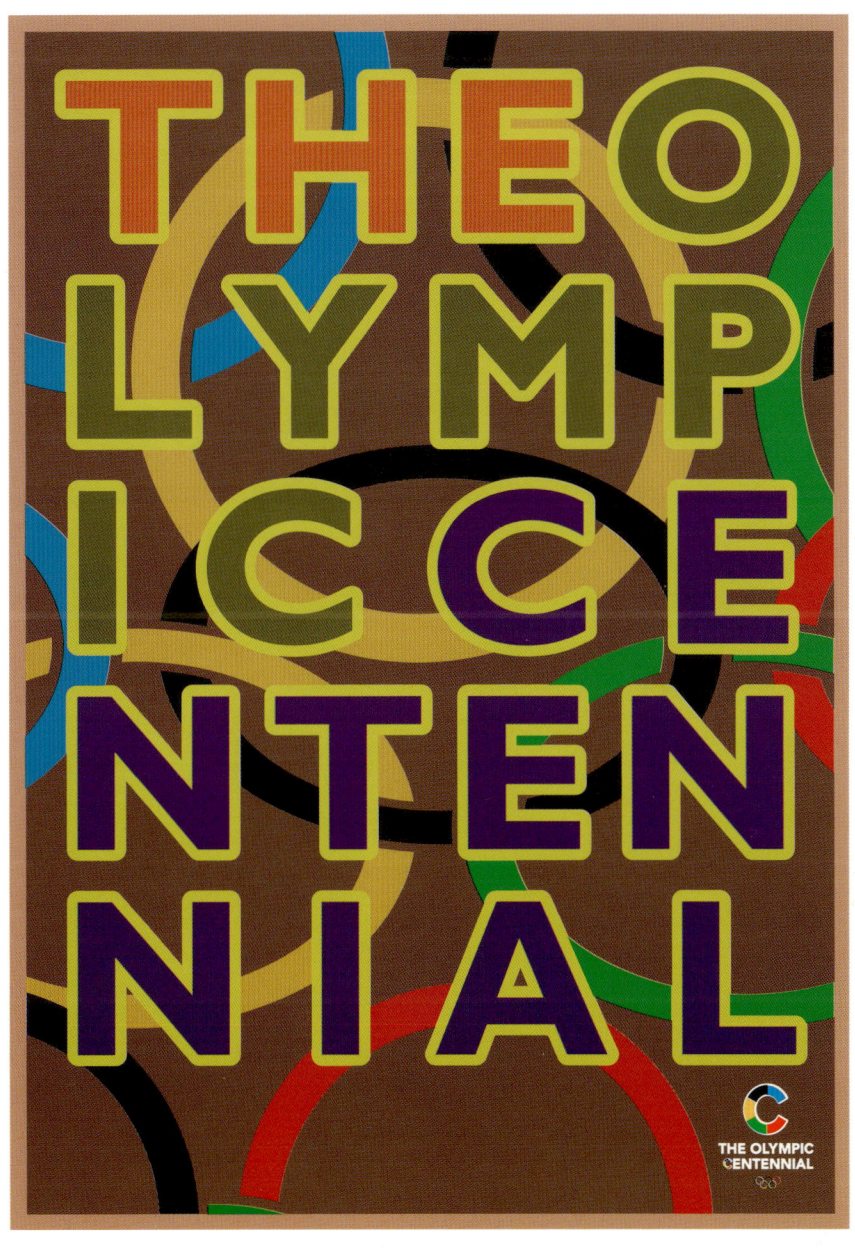

奥林匹克百年纪念海报，1995 年（设计者：马里奥·米利吉亚）

"埃托·索特萨斯展"海报，蓬皮杜艺术中心，巴黎，1994 年（设计者：马里奥·米利吉亚）

ALESSI
Le posate/the cutlery.

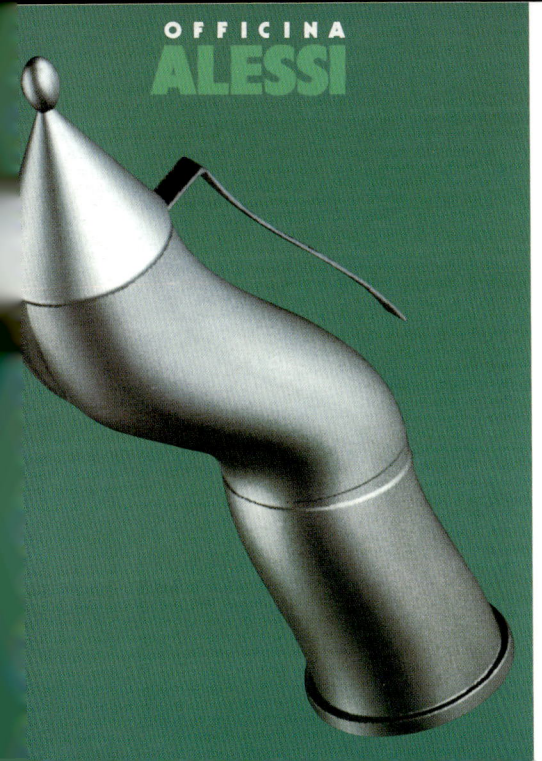

OFFICINA
ALESSI

艾烈希集团标识设计

1983～1998 年

设计者：克里斯托弗·雷多，马里奥·米利吉亚，安娜·瓦
格纳，瓦伦汀纳·格瑞笱（Valentina Grego），科斯
坦扎·梅利（Costanza Melli）

　　从 1983 年开始，索特萨斯事务所一直为艾烈
希集团设计新的公司标识，包括产品目录设计、
包装、摄影展的摄影艺术趋势及新商标的研讨。

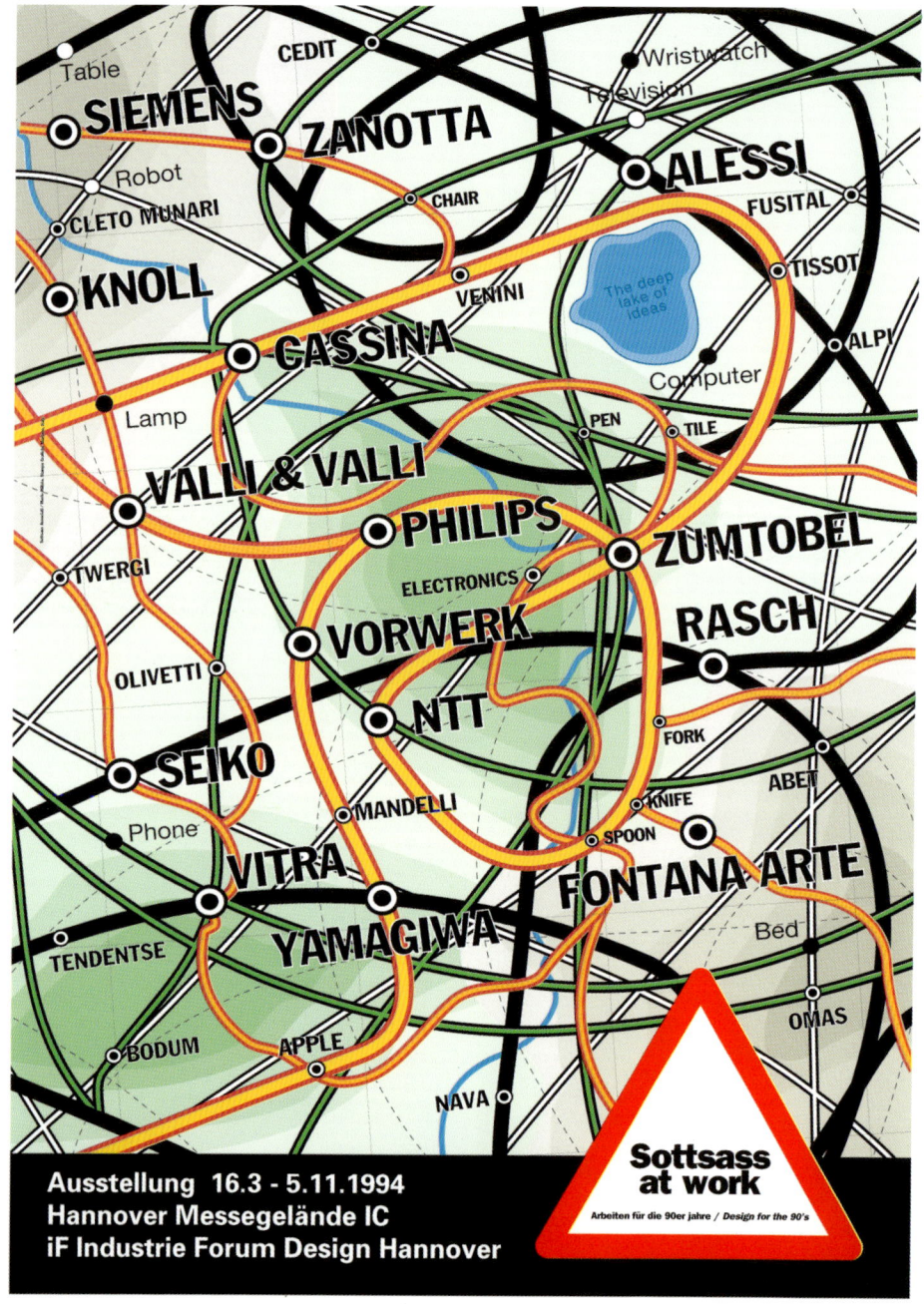

"工作中的索特萨斯展"海报，IF 工业论坛设计，汉诺威，德国，1994 年（设计者：马里奥·米利吉亚）

对页图：内田洋行（Uchida Yoko）纸袋设计，1993 年（设计者：马里奥·米利吉亚）

汉城机场城市复兴设计

汉城，韩国，1995 年

设计者：埃托·索特萨斯，马可·扎尼尼，乔安娜·格莱文德

合作者：奥利弗·雷西卡（Oliver Layseca），艾利·库托

洛（Elena Cutolo）

这个项目覆盖了很大一片基地，包括 3 个多山的岛屿、在两个主要岛屿之间的复原土地带，以及与大陆和仁川城相连的各种各样的土地。

发展规划的主要目的是容纳超过 10 万的机场员工和机场设施，但 Kwaak 教授最初的设想是：这里将成为一块自治的领土，并成为整个东

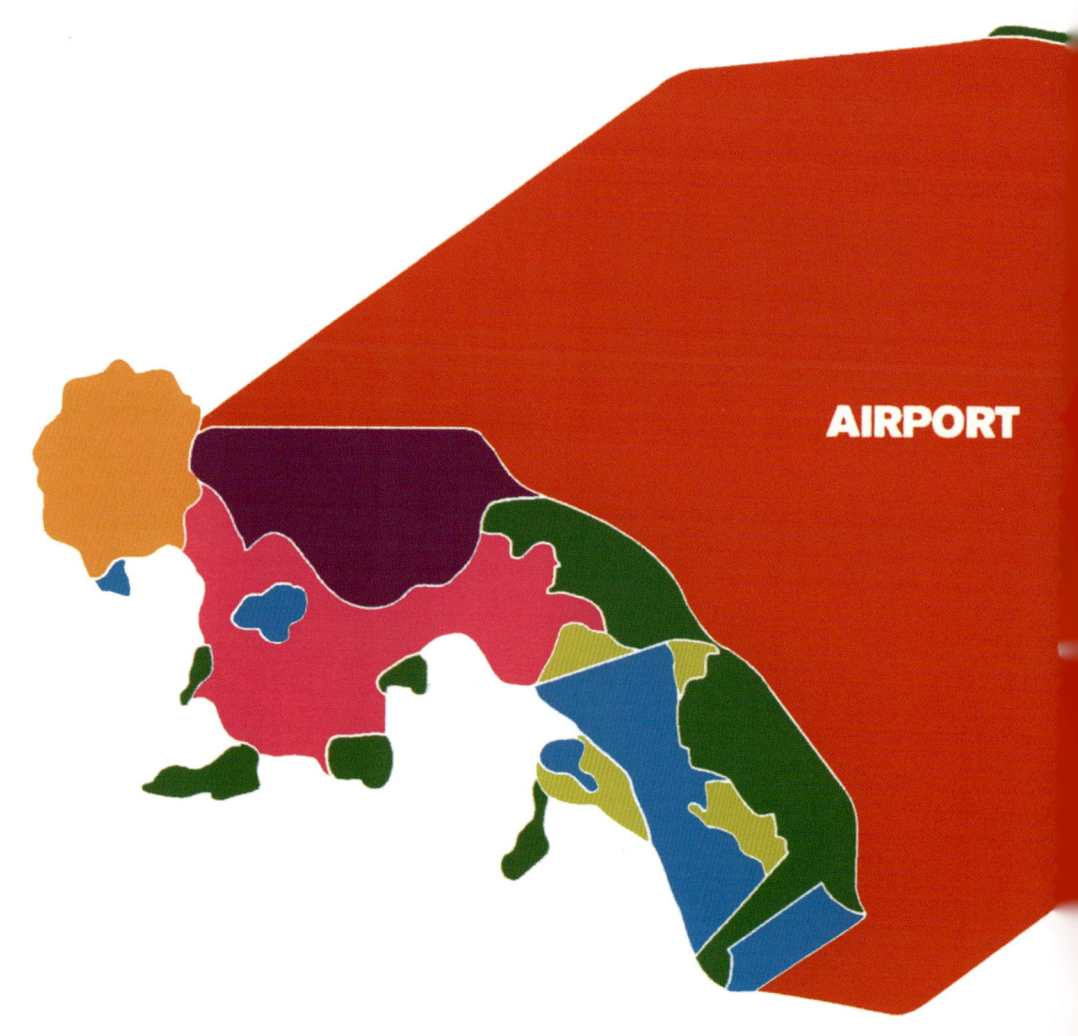

AIRPORT

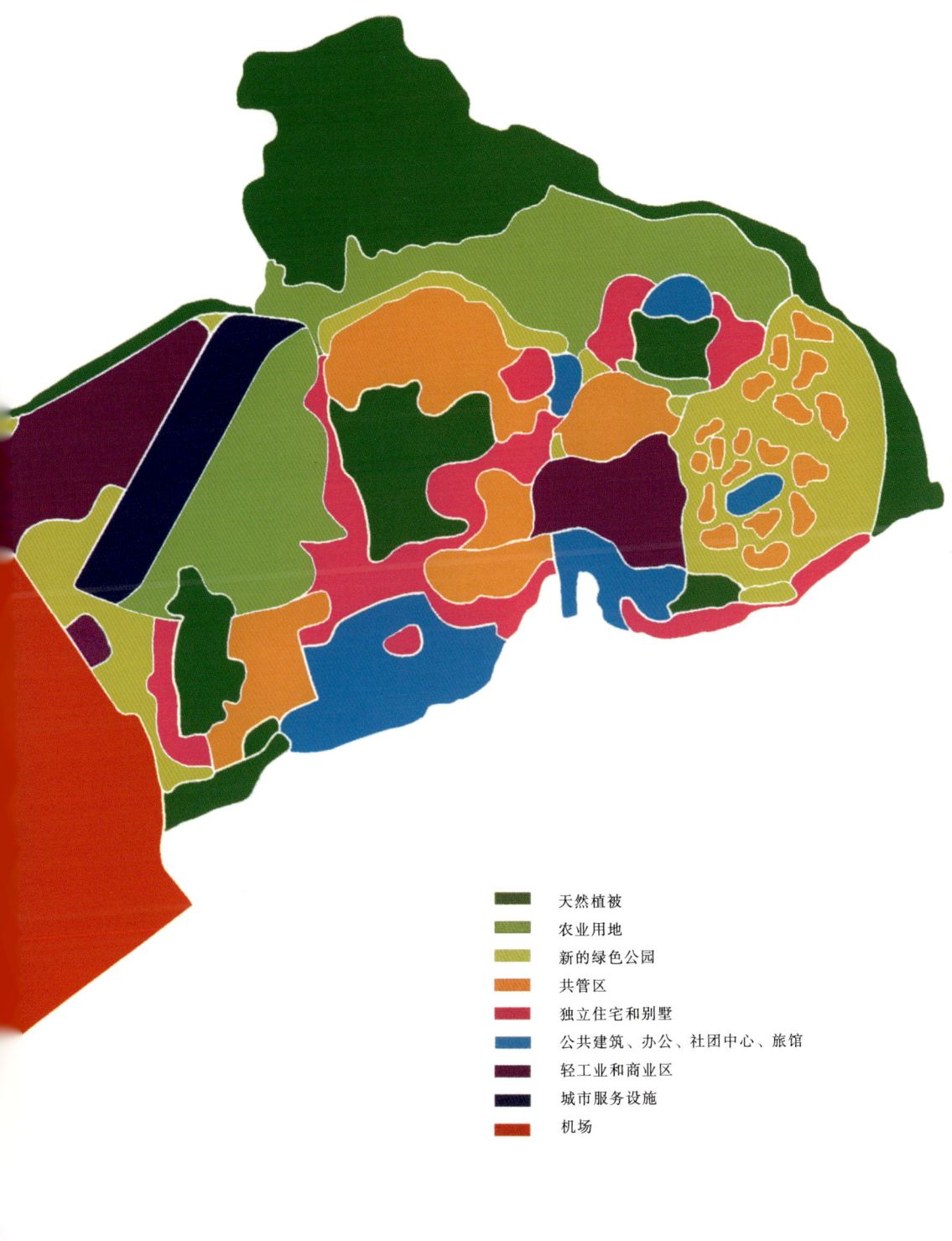

天然植被

农业用地

新的绿色公园

共管区

独立住宅和别墅

公共建筑、办公、社团中心、旅馆

轻工业和商业区

城市服务设施

机场

北亚的经济文化中心。

索特萨斯事务所完成这个方案的目标结果不仅仅是一系列的设计，而首要的是上层战略，这个战略必须足够灵活，来满足这块土地在社会、政治和经济方面所有可能的变化，同时又能保证基本的逻辑和清晰。

这个设计预计是一个高度分散的城市，在其中，住宅、商务、工厂和服务设施将与多山的自然景观相和谐，而给人们提供高品质的生活。

城市内外有发达的交通系统，减少公共交通和汽车对环境的影响。这个项目的中心关注点是人口及其与城镇和地域的关系；它更多地参照欧洲和

亚洲的模式，而不是美国依赖汽车的城市模式。

索特萨斯事务所写的用于说明设计的报告，对于理解这个作品来说，和图纸一样重要。它涉及了许多对于一个文化主导设计的新城必不可少的主题：第一，在一个充满政治压力的地域创造一个多文化融合的中心，面临着社会政治的挑战；第二，创造一个与当地独一无二的自然环境相和谐的、有魅力的、可居住的新城，需要纯粹美学和逻辑的规则。

最终，这个项目引发了一次关于城市规划的新方向——以及关于不同文化的城市设计方法的成功与失败——的建设性的、广泛的讨论。

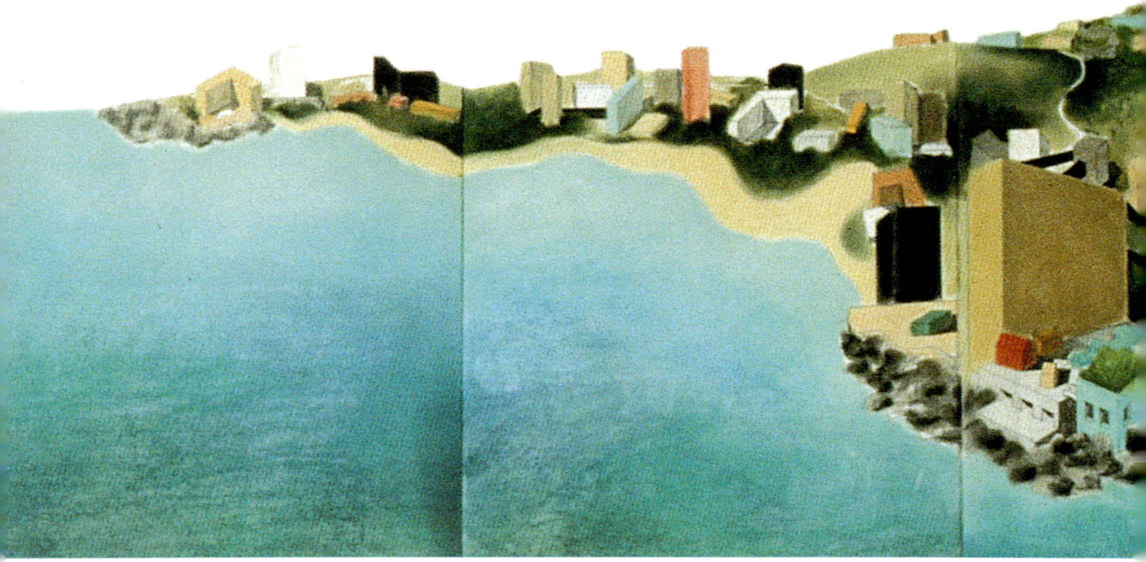

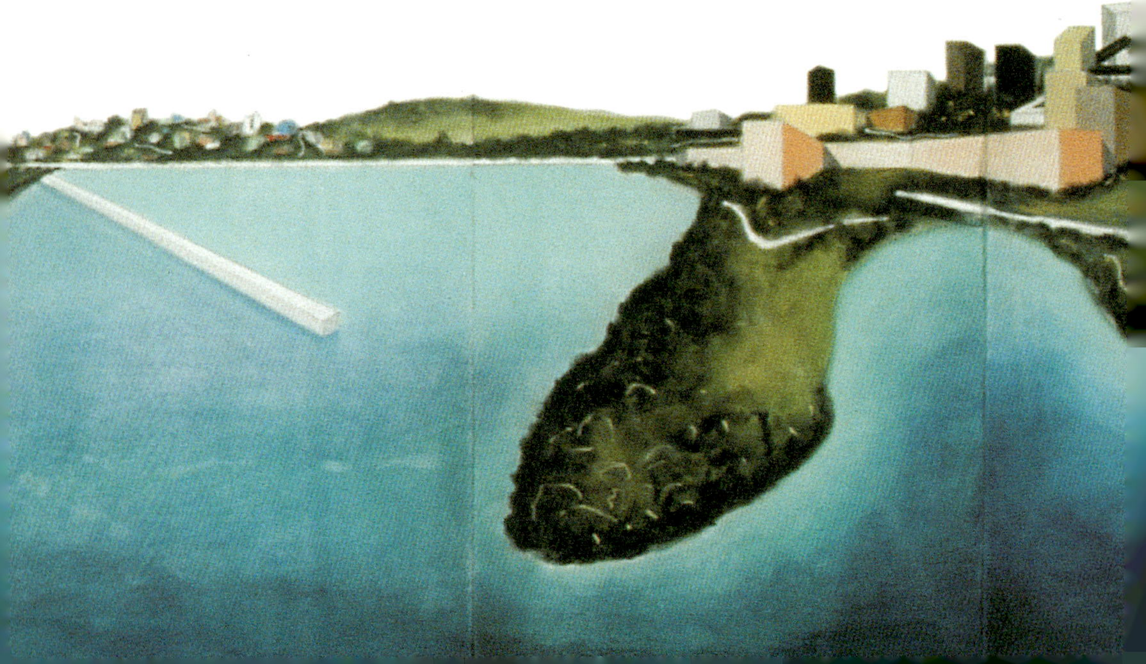

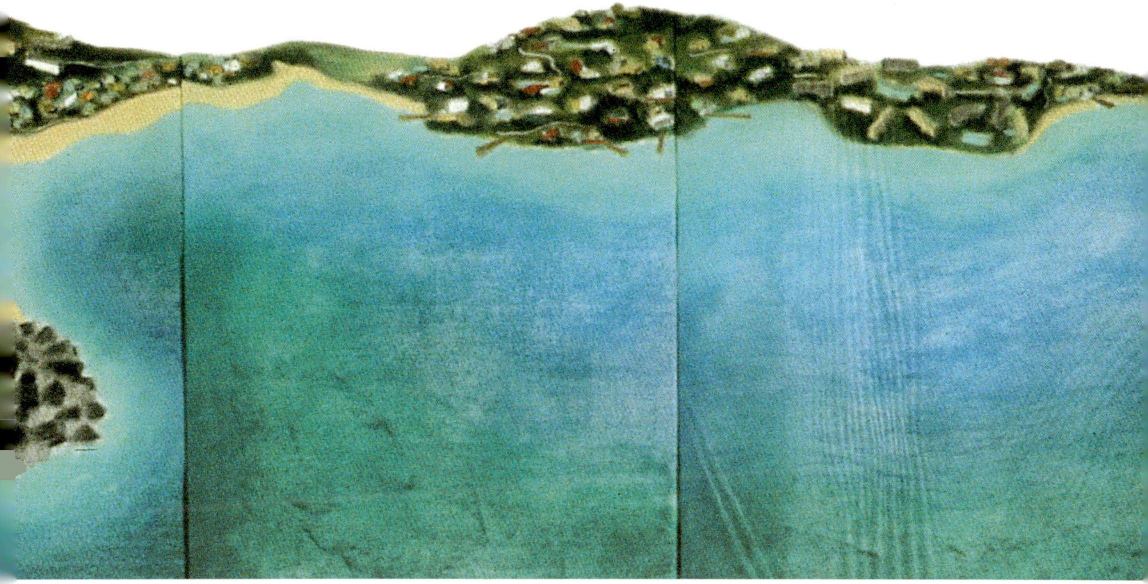

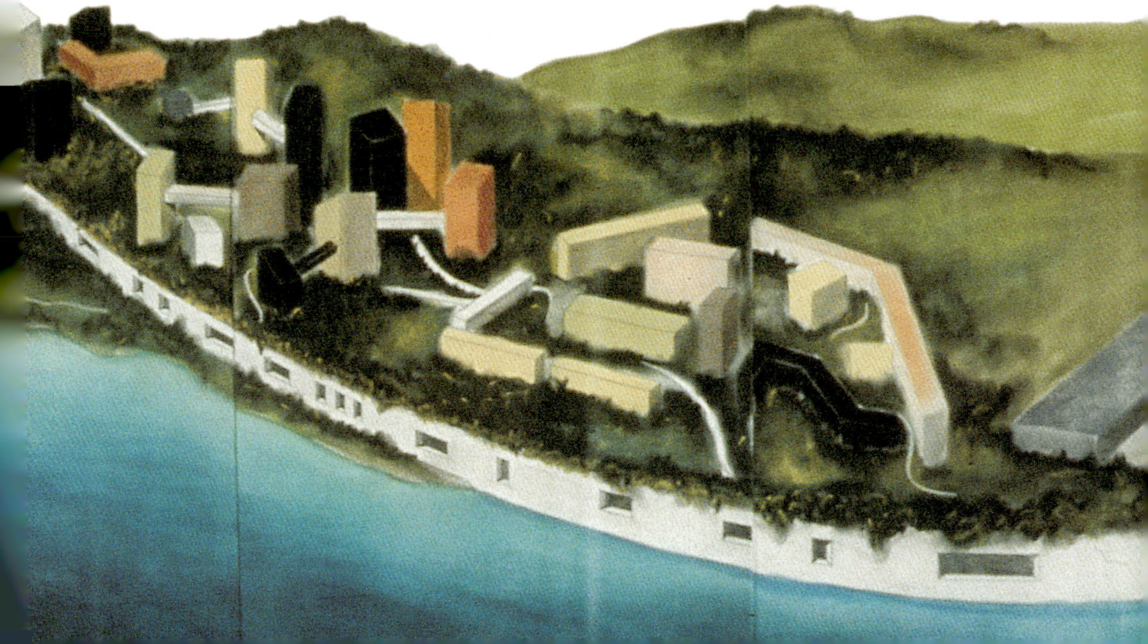

扩展性城市规划

仁川，韩国，1996 年

设计者：埃托·索特萨斯，马可·扎尼尼，迈克·赖安

协调员：米欧可·卡波尼

合作者：弗拉维亚·阿尔维斯·德·索萨（Flavia Alves de Sousa），布洛纳·诺奇（Bruna Gnocchi），奈文·泽瑞希克（Neven Zoricic）

这个城镇规划是在仁川城附近的一块 4500 英亩的复原土地，距首都汉城大约 30km。这块土地是通过复杂的水坝系统，排干黄海较浅的海水获得的。

这个城市的扩张部分计划容纳 10 万名居民。除了限定居住区域外，这个规划还包括公共服务、休闲与工业区域和一个新的贸易港，这些区域之间的地上与地下交通，联系着附近的国际机场以及仁川市和汉城。

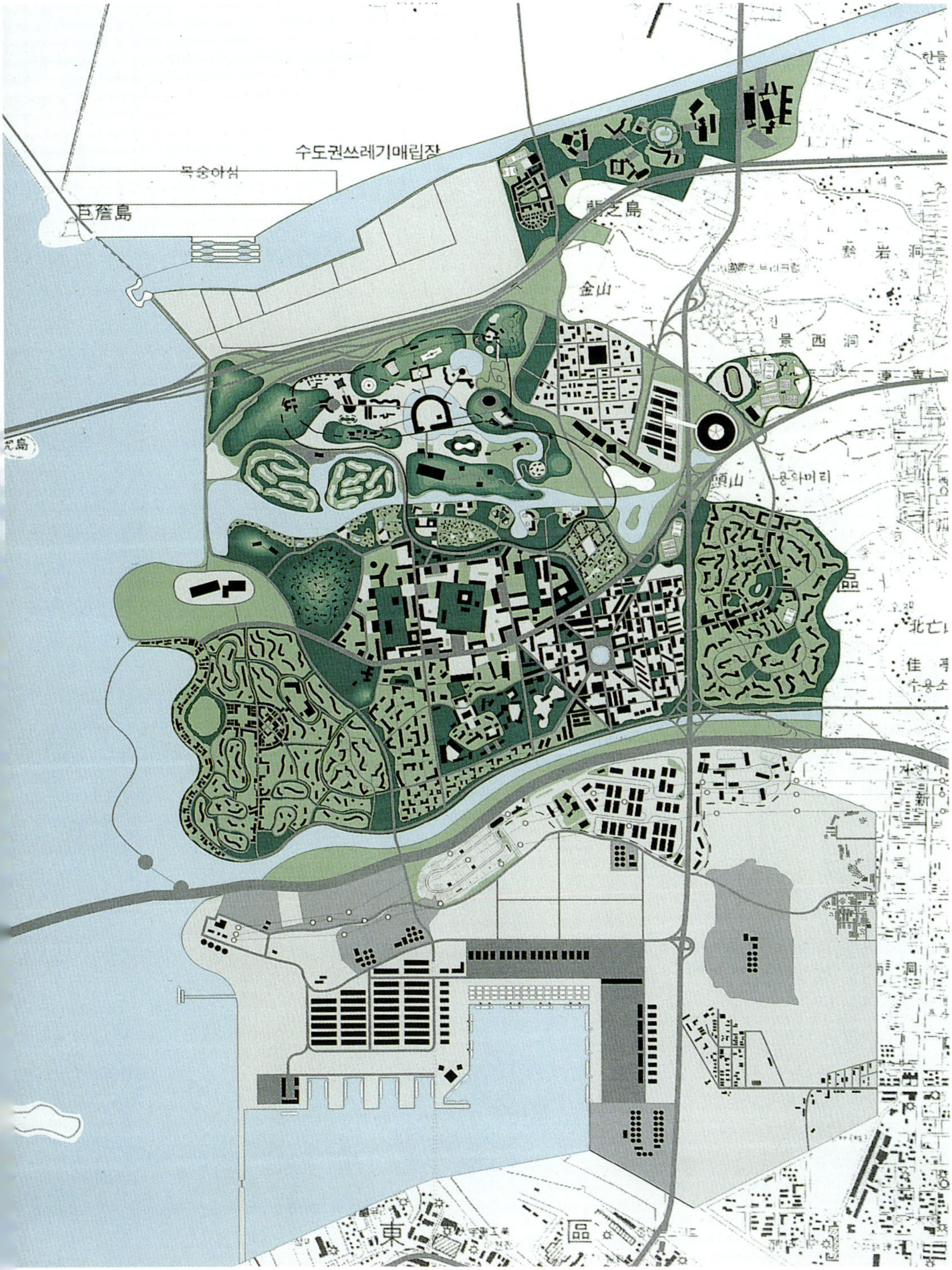
수도권쓰레기매립장
金山
景西洞
東
區

预制钢结构设计

1995 年

设计者：埃托·索特萨斯，马可·扎尼尼，迈克·赖安

合作者：吉安路易吉·穆蒂，奥利弗·雷西卡，奈文·泽瑞希克

协调员：米欧可·卡波尼

项目管理：C.S.M.，罗马

工程师：C.R.E.A，罗马

这个研究项目是由欧洲经济共同体发起并资助的，目的是探讨城市居住利用钢材的新的解决方案。更确切地说，这个项目关注的是当代建筑；它基于两个钢结构的创造，当它被组装起来，可以形成一系列的预制钢结构，能够满足当代的停车、贸易展会、废弃工业基地和自然疾病感染区域的房屋需要。

原型创造的第一种类型的结构包括小住宅、天井、办公室、公交候车亭、书亭、商店、治安岗亭和有顶的集市。第二种类型的结构设计了更精细的房屋类型，包括独立住宅和多功能厅，可用于市民中心、博物馆和会堂。

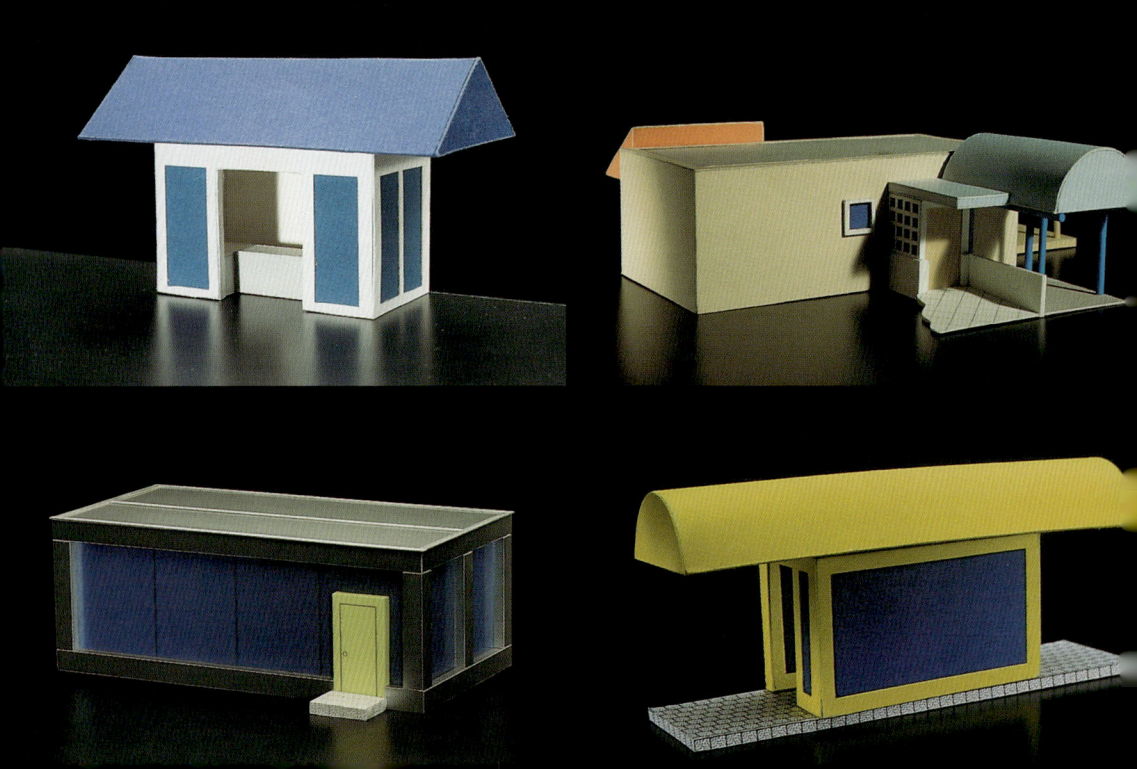

范·茵佩住宅

圣利文斯豪敦，比利时，1996～1998年

设计者：埃托·索特萨斯，乔安娜·格莱文德

工程建筑师：吉安路易吉·穆蒂

当地建筑师：罗恩·海瑞曼斯（Ron Herremans）

　　这个700m²的住宅坐落于一块被水渠围绕的大的宅基地上，业主是当代艺术画廊的所有者，住宅面对着这个比利时中部乡村的主要街道。这组建筑包括住宅、艺术画廊、雕塑庭院以及业主妻子的一个工作室，她是一个理疗师。

　　主要的部分装饰着蓝色的、重新组装的大理石板，由柱廊和平台形成开敞空间。3个背对水渠的体量是黑白石材表面。拱顶结构用的是肋型不锈钢，里面是厨房、车库和理疗室。在地面层，建筑被艺术画廊分成两部分；东部是两间客人房和画廊主人的工作室，西部是大的、层高很高的起居室和就餐区域。两间卧室，每个都有一个平台，位于建筑的上层。

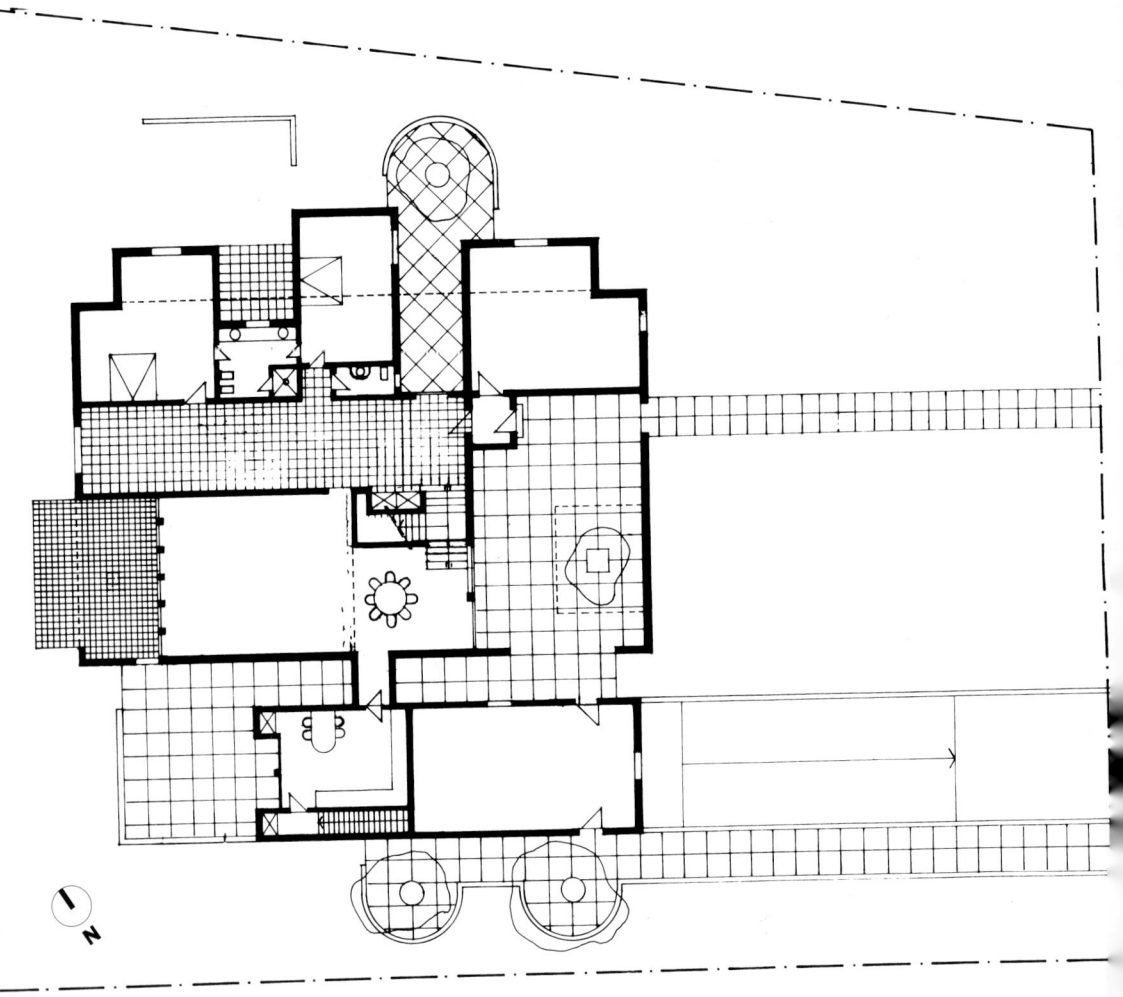

copyright © Helmut Newton

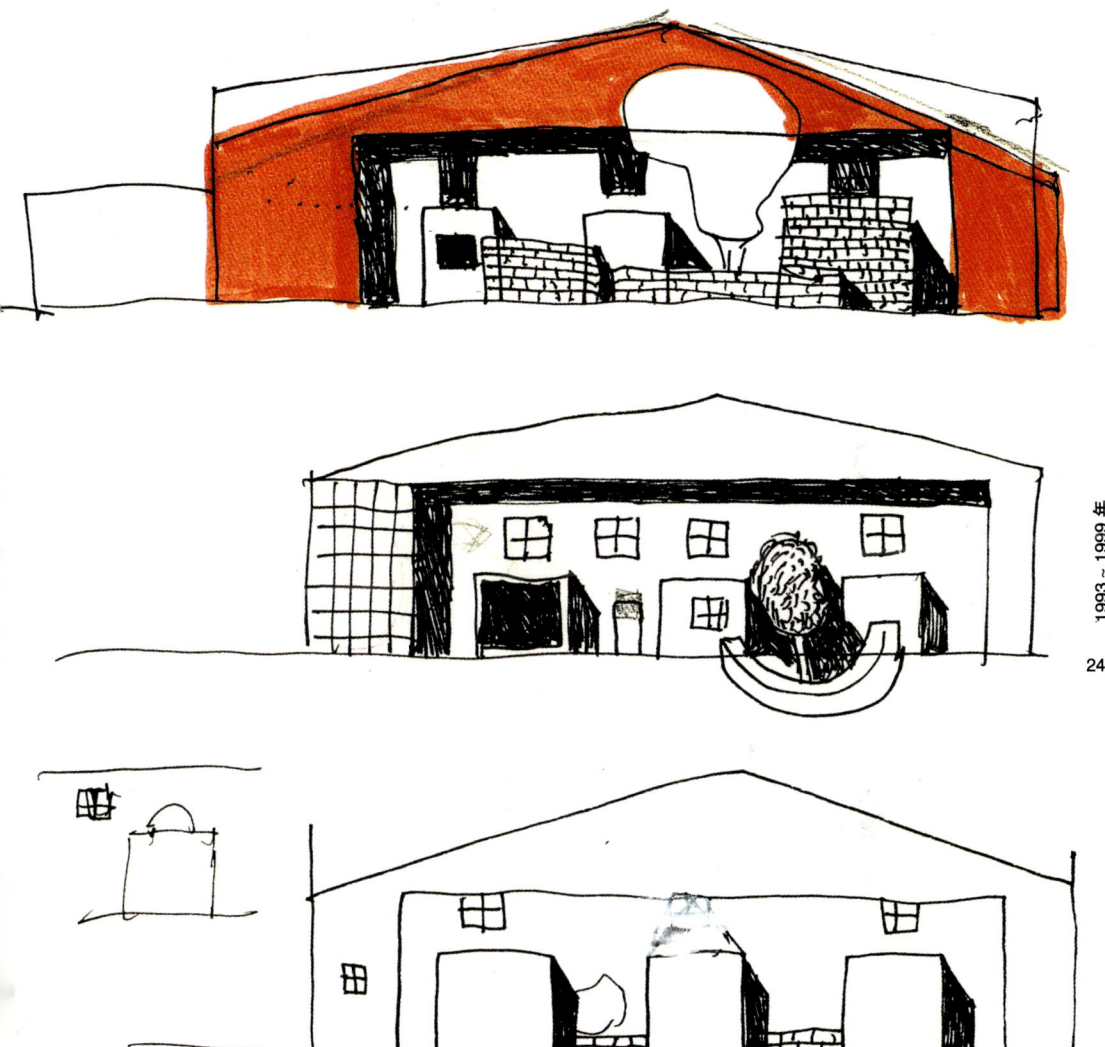

内诺恩住宅

拉纳肯，比利时，1995～1998年

设计者：埃托·索特萨斯，乔安娜·格莱文德

工程建筑师：奥利弗·雷西卡

顾问：盖勒瑞·莫曼斯（Gallery Mourmans）

当地建筑师：诺伯特·福斯特

这栋住宅建在一片大而平的土地上，周围环绕着很高的树木，包括 800m² 的居住区域，有 3 间卧室（在二层）、厨房、餐厅、起居室、学习室和一个大的中心庭院——还有 500m² 的健身房、桑拿和室内游泳池。

室内通过不同的颜色、收束和材料限定，围绕内部开敞庭院的蓝墙布置，可以通过推拉玻璃门进入庭院。建筑设计围绕结构之间的路线，而不是围绕结构本身。花园里种植着精心选择的花与树，其中布置着由矮墙分割的小院落，这些矮墙提供了有魅力的、阴凉的休息空间。

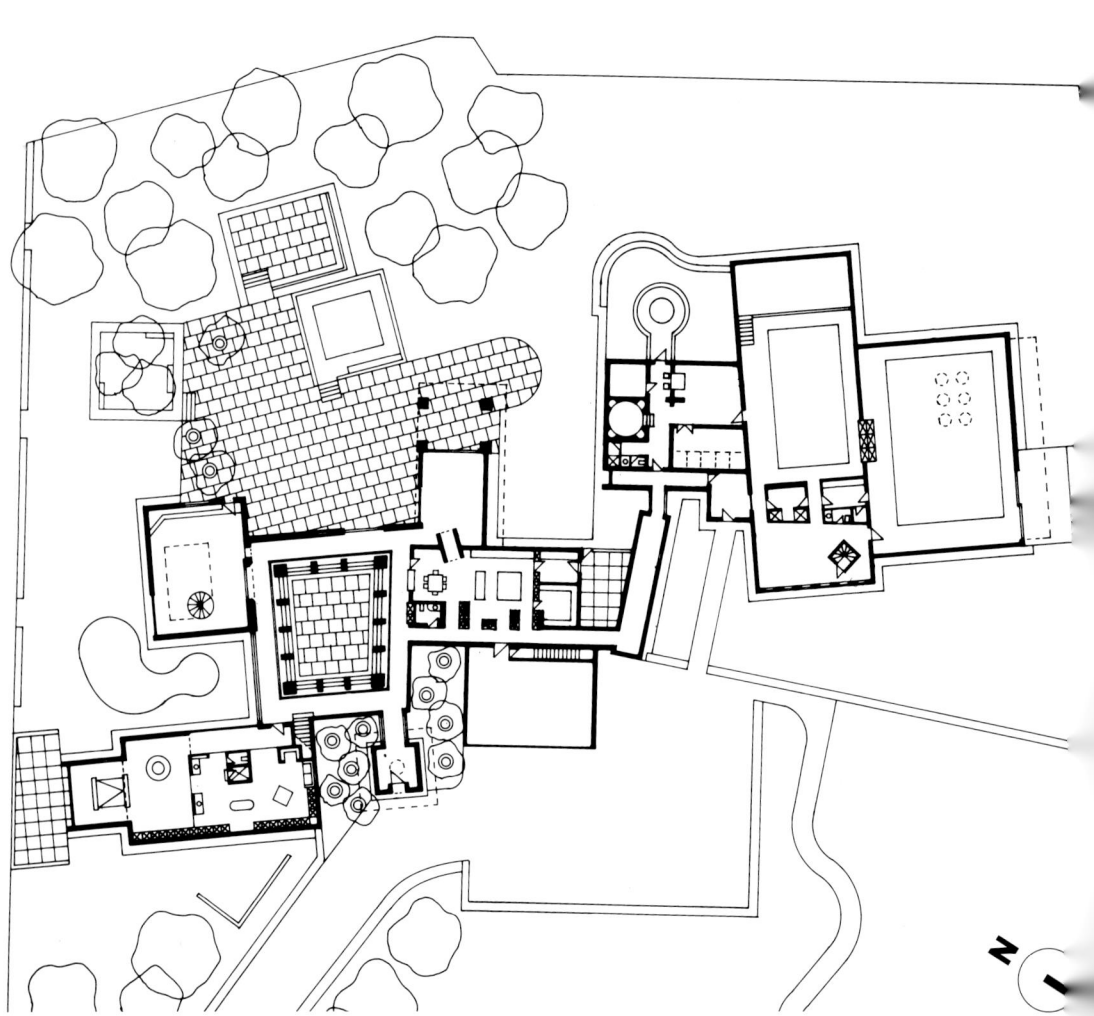

copyright © Helmut Newton

森林边上的住宅

帕洛阿图，加利福尼亚，1996～1998 年

设计者：埃托·索特萨斯，马可·扎尼尼

工程建筑师：奥利弗·雷西卡

当地建筑师：约翰·巴顿（John Barton）

　　这个私人住宅的业主是一个斯坦福大学教授的家庭，要求完美地符合业主的喜好和生活方式。住宅包括4个主要的建筑。起居室和餐厅、主卧室和浴室、儿童区和学习室通过中央"温室"连接起来。设计还包括车库和客人房，它们有健身房和阳台，都是与主体分开的。几乎所有的房间都在一层。内部空间与外部空间连续感的保持受到了特殊的关注。住宅的物理限定的特征包括砖、波形金属屋面、石膏墙面和木制瓦屋顶。

在这个既定设计中，索特萨斯事务所首要考虑的是满足航空旅客在物理与心理方面的综合需要。而表现公众、经济的力量以及技术未来形象则并不那么重要。

这个设计并没有将机器装置或机器强加给旅客，而是设想了一种人类活动的"场所"——在这个场所中信息的角色更多是一种建议而不是指令。在此场所中，信息更多的是旅客的陪伴与保证，而不是对他们的打扰。

描述这个工程，公司通常用这个短语——"一个大型的、与众不同的内部场所设计"。他们设想了一个场所，在其中，记忆会沿着某种途径回到意大利和地中海古时候某天的场景；在其中，材料、色彩、韵律、空间和比例不仅尊重记忆中的理性和秩序，而且还尊重自然的盛衰。

这个设计是"不透明"的，因为它尽可能避开光亮表面——钢、铬合金，镀膜玻璃，光滑大理石——的存在，来避免过度放大的光源和反射，因为放大与反射将会给空间带来视觉疲劳。光滑、抛光和坚硬的表面还会反射与扩大声音，有时会引起过敏的、精神与身体的紧张。因此在众多其他材料中选择了吸声的、不光滑的石材（而不是大理石），起皱的碾压塑料和吸声石膏板。

这个设计是"不透明"的，还因为它尽

量减少大量令人混淆的灯光信息和信息迭置。信息被限定在必需的范围内，而且只能在信息真正"变得必需"的地方出现。

最后，我们坚持信息板应该合理与规则地摆放，以避免图形和语义的混淆——而且信息应是容易获得的：例如在机场任意一个能立刻辨识出来的地方（在设计的某一阶段，我们考虑大幅度减小标识的亮度，创造光亮的层次）。

全部的结果是一种现代但却文明的空间处理手法：一个简单、平静的线型设计，由一系列自然的色彩——不是化学的、电视的、病房的色彩——实现，这种色彩永远是地中海景观的一部分。

这种手法的主导原则很简单：同来自世界各地的旅客交流，他们到达或马上要离开意大利，并不是通过某种或其他的"风格"，而是谨慎运用大多数意大利的深奥美学——一种关于感觉、色彩和声音的美学，一种华丽和富贵的美学。在索特萨斯设想的新米兰机场里，旅客们知道他们是要从意大利离开或到达了意大利，意大利不是狂热的，不是专横的，不是侵略性的，不是恐慌的，而是将文明奉献给人类的意大利。

埃托·索特萨斯，1994 年 9 月

设计者：埃托·索特萨斯，马可·扎尼尼，迈克·赖安；总协调员：米欧可·卡波尼；室内合作设计师：奈文·泽瑞希克，布洛纳·诺奇，马西莫·普图萨（Massimo Pertosa）；工程设计负责人：詹姆斯·埃尔文；工程设计合作设计师：里卡尔多·弗尔蒂，凯瑟琳娜·罗伦兹，克里斯汀纳·迪·卡罗；标识设计负责人：马里奥·米利吉亚；标识合作设计师：安托尼拉·普瓦西

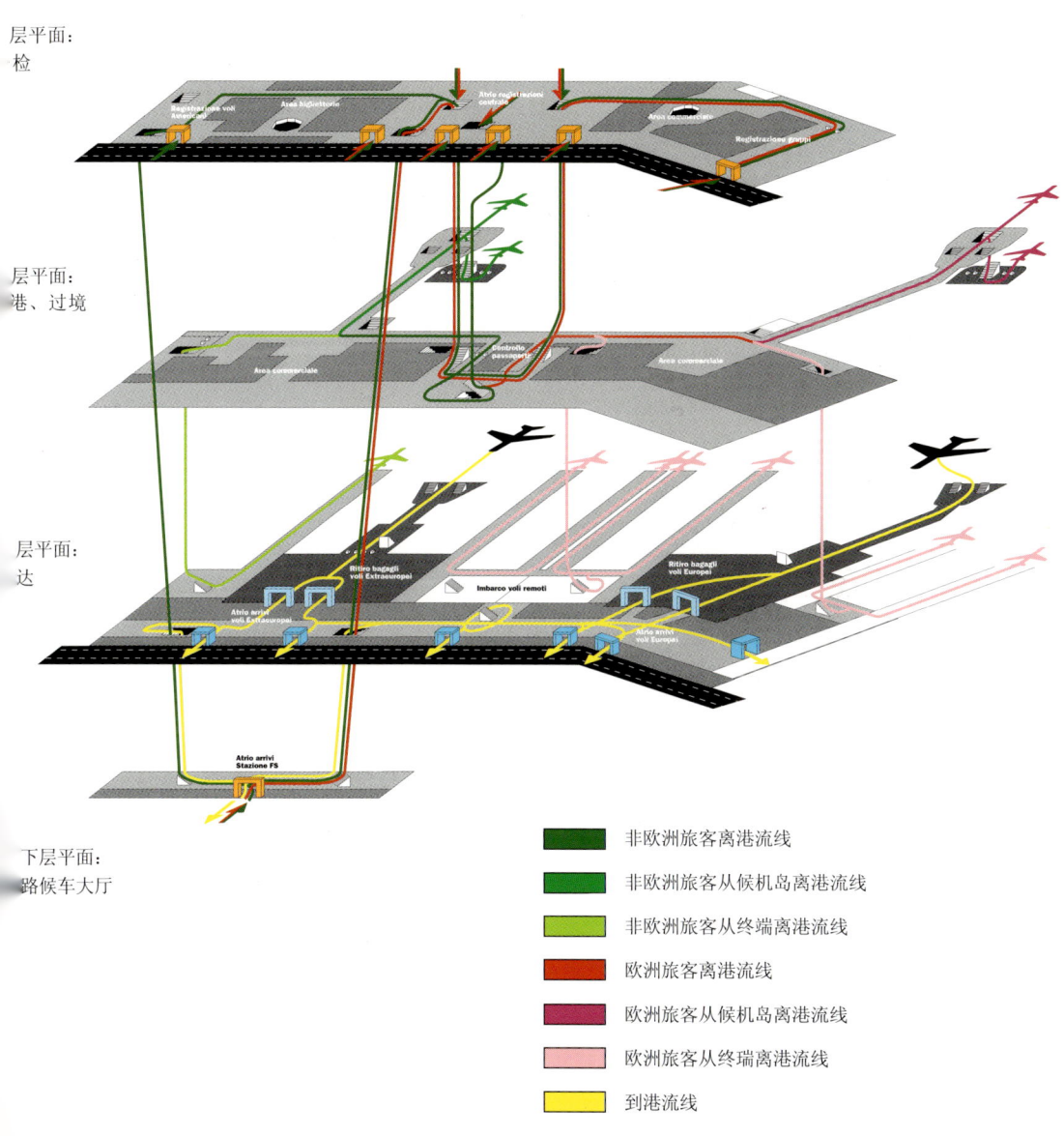

层平面：
检

层平面：
港、过境

层平面：
达

下层平面：
路候车大厅

非欧洲旅客离港流线

非欧洲旅客从候机岛离港流线

非欧洲旅客从终端离港流线

欧洲旅客离港流线

欧洲旅客从候机岛离港流线

欧洲旅客从终瑞离港流线

到港流线

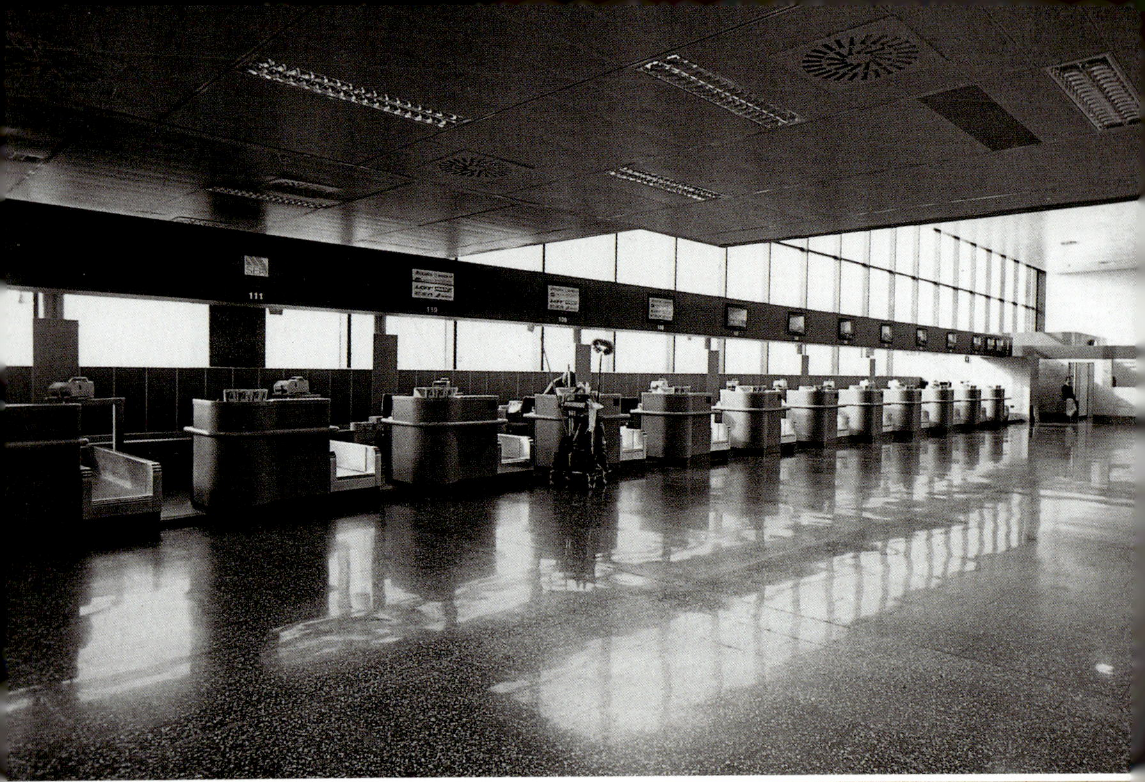

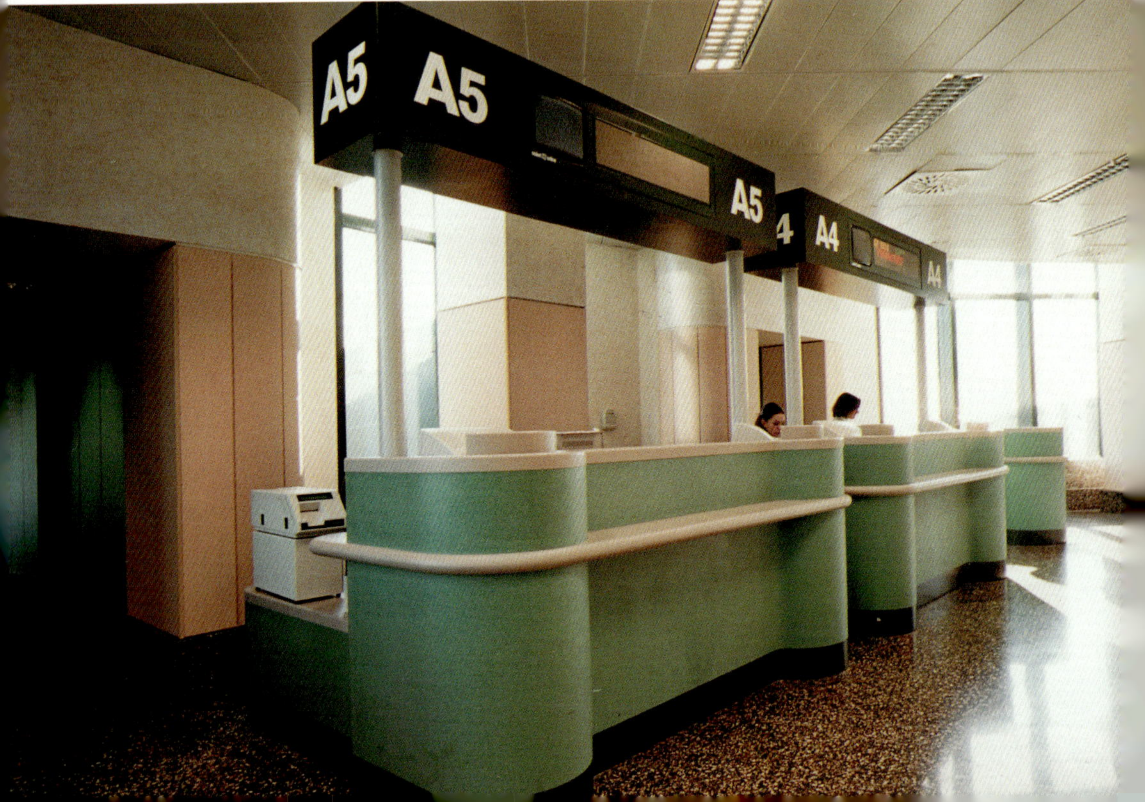
A5
A5
A5
A4
A4

Europcar
Europcar
YOU RENT A LOT MORE THAN A CAR.
AUTONOLEGGIO
Car hire
NORD-SUD
North-South
ARRIVI
Arrivals B

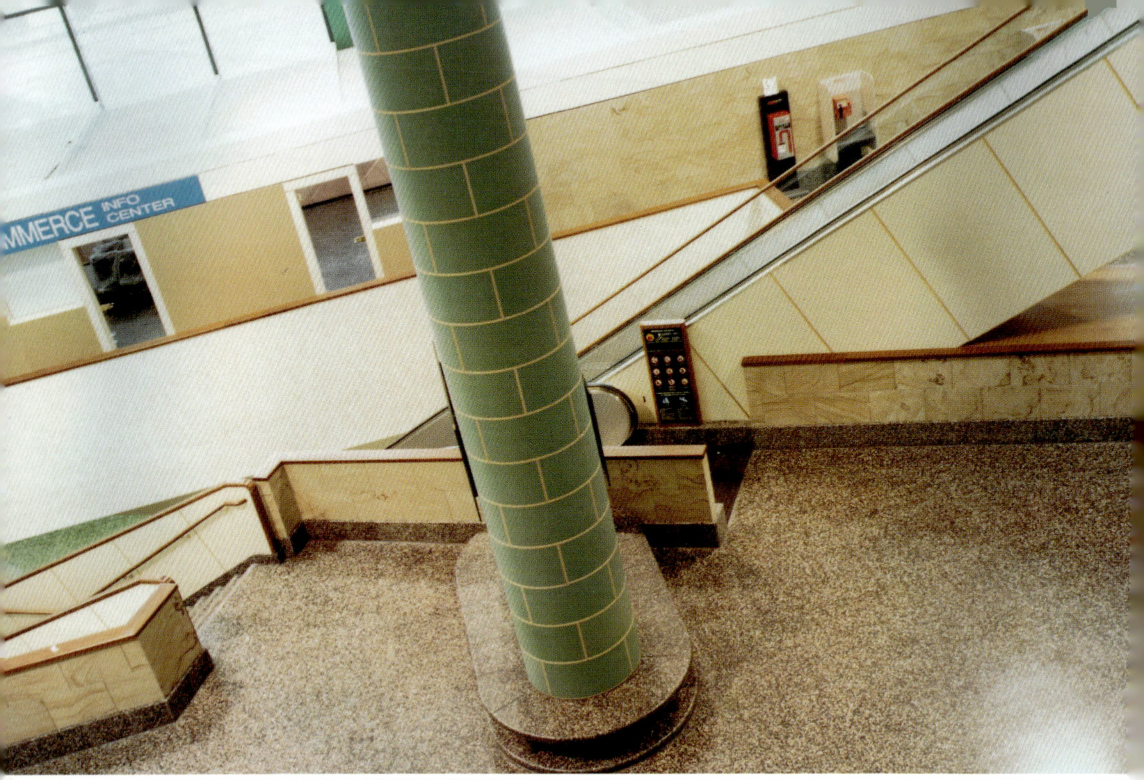
MMERCE INFO CENTER

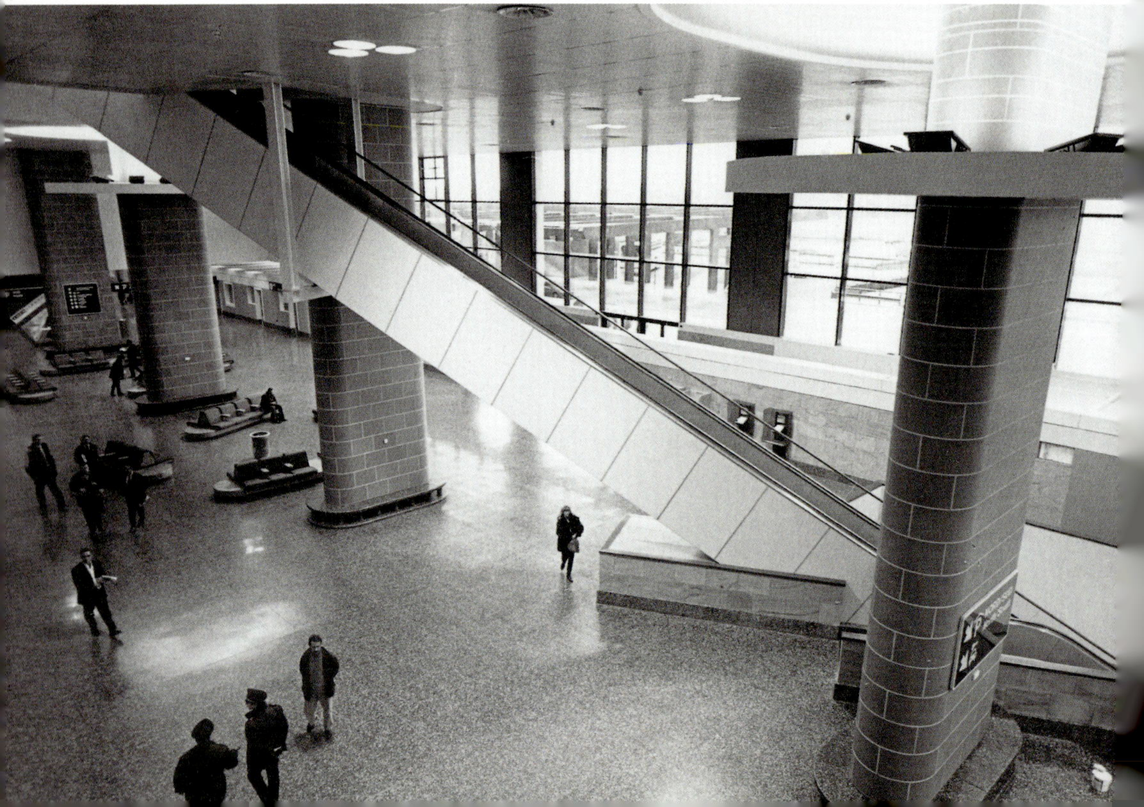

Car park South
PARCHEGGIO SUD
Car park South
CHECK-IN
ARRIVI
Arrivals
+1

TELECOM
PARTE

生平

埃托·索特萨斯

埃托·索特萨斯 1917 年出生在奥地利的因斯布鲁克，1939 年在都灵工业大学（Turin Polytechnic）获得建筑学学位。1947 年他在意大利米兰成立工作室，从事建筑及设计工作。然而从文化的主动性来说，他的设计作品是间接的。他在意大利及其他地方参加各种展览，个人的和集体的展览。在战前和战后的日子里，他在设计革新方面扮演着国际性的角色。

1985 年他开始作为设计顾问与好利获得合作。1959 年在他的设计作品中，出现了意大利第一台计算器，接下来他又设计了许多计算系统的外围设备，还创作了打字机的原型，如普莱克西斯（Praxis）、泰克尼（Tekne）、编辑者（Editor）和瓦伦丁。其中瓦伦丁打字机现在已经成为纽约现代艺术博物馆的永久收藏。

在英国大学的长期客座讲演之后，索特萨斯获得了伦敦皇家艺术学院（Royal College of Art in London）的荣誉学位。1980 年他成立了索特萨斯事务所，作为建筑师和设计师继续工作。接下来的几年中，他和同事、朋友及有国际声望的建筑师一起组建了孟菲斯小组，它迅速成为"新设计"的旗舰，成为当代先锋派运动的地标。他的作品成为大城市重要博物馆的永久收藏，遍及纽约、巴黎、锡德尼、丹佛、斯德哥尔摩、伦敦、旧金山和多伦多。他最近获奖的奖项包括：1992 年被授予法兰西共和国艺术和文学勋章，1993 年获得罗德岛设计学院（Rhode Island School of Design）荣誉学位，1994 年在汉诺威工业设计论坛中获普费信息收集设计奖（IF Award Design Kopfe），1996 年获得伦敦皇家艺术学院的荣誉博士学位，同年还获得纽约布鲁克林博物馆（Brooklyn Museum）设计奖。

马可·扎尼尼

马可·扎尼尼 1954 年出生在意大利的塔兰托，1976 年毕业于佛罗伦萨建筑学院。1980 年他与埃托合作成立了索特萨斯事务所，现在是公司的常务董事。他也是孟菲斯小组的创始人之一，他为孟菲斯设计的许多作品后来在全世界重要的博物馆和画廊中展出，并出现在主要的设计杂志中。他为索特萨斯事务所做了一些公司最为重要的项目，涉及公司作品的所有设计领域。

乔安娜·格莱文德

乔安娜·格莱文德 1961 年出生于加利福尼亚的圣地亚哥。1984 年她获得了在圣路易斯欧比斯波郡和意大利米兰的加利福尼亚州立工业大学（California State Polytechnic University）建筑学学位。1985 年她移居米兰，参加了索特萨斯事务所，1989 年成为公司的合伙人。从那时开始设计了一些公司最重要的建筑作品，包括科罗拉多的沃尔夫住宅、夏威夷的奥勒比纳戈住宅、东京的裕子住宅、意大利拉文纳的现代家具博物馆、中国肇庆的高尔夫俱乐部和度假村、中国的居住区，还有在澳大利亚、新加坡和比利时的一些作品。

迈克·赖安

迈克·赖安 1961 年出生于加利福尼亚的长滩（Long Beach），1985 年获得在圣路易斯欧比斯波郡和佛罗伦萨的加利福尼亚州立工业大学建筑学学位。1985 年他在威尼斯双年展中的国际建筑学展中展示了自己的作品，同时他移居米兰，加入了索特萨斯事务所。1989 年成为合伙人，他设计了许多室内和建筑作品，最主要的是新米兰马班萨 2000 年机场室内和日本大阪的弗劳尔穹顶（Flower Dome）棒球馆、日本福冈的子比宝酒吧、意大利托斯卡纳的赛住宅、意大利航空公司 VIP 休息系统和韩国仁川城市发展项目。

詹姆斯·埃尔文

詹姆斯·埃尔文 1958 年出生于伦敦，1984 年毕业于皇家艺术学院。同年他移居意大利，加入好利获得设计事务所。1987 年他移居东京，为东芝公司做工业设计研究。1993 年成为索特萨斯事务所的合伙人；现在主管公司的设计部，他为委托人做的设计受到了高度评价，如西门子、卡德维、卒姆托贝尔、电信（Telecom）、扎诺塔和完美标准（Ideal Standard）。

马里奥·米利吉亚

马里奥·米利吉亚 1965 年出生于米兰，1986 年获得图形设计文凭。他于 1989 年加入索特萨斯事务所，1993 年成为公司的合伙人。作为公司图形设计部的主管，他做了一些重要的图形设计和相应的图像设计：威尼斯双年展、蓬皮杜艺术中心、好利获得、西门子、艾烈希、阿贝特·兰米纳迪公司、尔格石油公司、瑞泽利（Rizzoli）。1998 年他创办了"FA"杂志。他的设计和装置在意大利及各地的博物馆和画廊中展出，包括瑞士日内瓦的 Mamco、法国格勒诺布尔的 Magasin、荷兰阿姆斯特丹的 De Appel。

克里斯托弗·雷德费恩

克里斯托弗·雷德费恩于 1972 年出生于英国的伯顿－上－特伦特（Burton－Upon－Trent），在英国和各国学习后，他获得了设计学位。1994 年他开始工作，在香港和中国做工业设计师。后来他移到斯德哥尔摩，在一家建筑公司工作。1996 年他加入索特萨斯事务所，1999 年成为合伙人。现在他是设计部的主管。在索特萨斯事务所，他为日本精工株式会社（Seiko）、意大利电信（Telecom Italia）、卡德维、爱克发（Agfa）和西门子做过设计。

参考书目

General Bibliography

Ambaz, E. Italy: The New Domestic Landscape. Museum of Modern Art, New York, 1972.

Branzi, A. Il design italiano: 1964/1990, Electa, Milan, 1996.

———. La casa calda, Idea Book, Milan, 1984.

———. Moderno, posterno, millenario, Studio Forma, Milan, 1980.

Burney, J. Ettore Sottsass, Trefoil, London, 1991.

De Bure, G. Ettore Sottsass, Jr, Rivages, Paris, 1987.

De Castro, F. Ettore Sottsass: scrap-book, Milan, 1976.

Der Fall Memphis oder die Neomoderne, Hochschule Für Gestaltung, Offenbach, 1984.

Design als Postulat. Am Beispiel Italien, IDZ, Berlin, 1973.

Ettore Sottsass, Centre Georges Pompidou, Paris, 1994.

Ettore Sottsass: de l'object fini à la fin de l'object, Musée des Arts Décoratifs, Paris, 1976.

Ettore Sottsass: Drawings over Four Decades, Ikon Gallery, Frankfurt, 1990.

Ettore Sottsass sr. architetto, Electa, Milan, 1991.

Ferrari, F. Ettore Sottsass: tutta la ceramica, Allemandi, Turin, 1996.

Fossati, P. Il design in Italia: 1945–72, Einaudi, Turin, 1972.

Gaon, I. Ettore Sottsass, Jr, Israel Museum, Jerusalem, 1978.

Hoger, H. Ettore Sottsass, Jr., Wasmuth, Berlin, 1993.

Horn, R. Memphis: Object, Furniture, and Pattern, Running Press, Philadelphia, 1985.

Kontinuität von Leben und Werk: Arbeiten 1955–1975 von Ettore Sottsass, Berlin, 1976.

Martorana, A. Ettore Sottsass: storie e progetti di un designer italiano, Alinea, Florence, 1983.

Memphis: ceramiques, argent, verre 1981–1987, Musée d'Art Décoratifs, Marseille, 1991.

Navone, P., and B. Orlandoni, Architettura radicale, Milan, 1974.

Pettena, G. La città invisibile: architettura sperimentale 1965/75, Florence, 1983.

Radice, B. Ettore Sottsass, Electa, Milan, 1993.

———. Gioielli di architetti, Electa, Milan, 1987.

———. Memphis: ricerche, esperienze, risultati, fallimenti e successi del nuovo design, Electa, Milan, 1984.

———. Memphis: The New International Style, Electa, Milan, 1981.

Sambonet, G. Ettore Sottsass, Mobili e qualche arredamento, Mondadori, Milan, 1985.

Santini, P.C., Facendo mobili con . . . ., Florence, 1977.

Sato, K. Alchymia. Neverending Italian Design, Tokyo, 1985.

Shapira, N. Design Process Olivetti: 1908–1978, Wright Art Gallery, Los Angeles, 1979.

Sottsass Associati, Rizzoli, New York, 1988.

Sottsass Associati, Architetture 1985/1990, Milan, 1990.

Sottsass Associati, Arrêt sur l'image, Edizioni l'Archivolto, Milan, 1993.

Sottsass Associati, Design 1985/1990, Milan, 1990.

Sottsass Associati, Dodici interni, Terrazzo, Milan, 1996.

Sottsass Associati, Graphic Design 1985/1990, Milan, 1990.

Sparke, P. Ettore Sottsass, Jr., Design Council, London, 1982.

Thomé, P. Ettore Sottsass, Jr.: De l'object à l'environment, Geneva, 1991.

By Ettore Sottsass

Glass Works, Vitrum, Venice, 1998.

Lo specchio di Saffo, Postdesign, Milan, 1998.

Architetture indiane e dintorni, Naples, 1998.

151 Drawings, Gallery Ma, Tokyo, 1997.

The Curious Mr Sottsass: Photo Design and Desire, Thames & Hudson, London, 1996.

Memorie de Chine, Gallery Mourmans, Knokke, 1996.

Big & Small Works, Gallery Mourmans, Knokke, 1995.

Walls, Terrazzo, ed., Milan, 1995.

Ceramics, Stemmle, Zurich, 1995.

Adesso però—Reiseerinnerungen, Hatje Verlag, Hamburg, 1994.

La darrera oportunitat d'esser avantguarda, Centre d'Art Santa Monica, Barcelona, 1993.

Rovine, Design Gallery, Milan, 1992.

Advanced Studies 1986–1990, Yamagiwa Art Fundation, Tokyo, 1990.

Design Metaphors, Idea Books, Milan, 1988.

Bharata, Design Gallery, Milan, 1988.

C'est pas facile la vie, Il Melangolo, Milan, 1987.

Curio cabinet, mirror, chairs, tables, sideboards, pedestal, credenzas, Blum Helman Gallery, New York, 1987.

Esercizio Formale no. 2, Studio Forma/Alchimia, Milan, 1980.

Esercizio Formale, Milan, 1979.

Miljo for en ny planet, National Museum, Stockholm, 1969.

图片说明

Aldo Ballo, 2, 70–71, 73, 75, 84, 87
Olivo Barbieri, 262–65, 272–74
Adolf Bereuter (courtesy of Zumtobel),148
Bergamo e Basso, 66–67
Riccardo Bianchi, 229
Santi Caleca, 6, 13, 15–16, 23, 77, 95, 98–107, 110–11, 119–23, 125–34,
     138, 140–41, 144–47, 151–53, 177–81, 200–7, 209–11, 220–21,
     242–47, 251, 254–55, 276
Ugo Colombo, 238–39
Grey Crawford, 114–17 (bottom photo)
Alberto Fioravanti, 29–31
Weine Fuji, 8
Mitsumasa Fujitsuka, 135–37
Futagawa & Associates, 172, 174
Moreno Gentili, 270
Johanna Grawunder, 184–85, 189
Pino Guidolotti, 82–83
Erik and Petra Hesmerg, 35
Fritz Lampelmayer (courtesy of Zumtobel), 149
Davide Mosconi, 213–17, 219
Nakasa & Partners, 154
Helmut Newton, 192–95, 248, 252–53
Ramazzotti e Stucchi, 91
Kishin Shinoyama, 175
Studio Azzurro, 51–53, 62–63
Studio Casali, 25, 59–61
Studio Pointer (courtesy of Gallery Bruno Bischofberger), 38–39
Marco Zanini, 208
Wolfgang Zwietasch (courtesy of Knoll), 142–43